编委会

自学宝典系列

扫描书中的"二维码"
开启全新的微视频学习模式

空调器维修
自学宝典

精彩
微视频
讲解

全彩
全图解

数码维修工程师鉴定指导中心　组织编写
韩雪涛　主编　吴　瑛　韩广兴　副主编

电子工业出版社·
Publishing House of Electronics Industry

北京·BEIJING

内 容 简 介

　　本书采用全彩+全图+微视频的全新讲解方式，系统全面地介绍空调器的结构组成、工作原理、拆装、移机、检漏、抽真空、充注制冷剂及各种电气部件和电路的检修等。本书开创了全新的微视频互动学习体验，使微视频教学与传统纸质的图文讲解互为补充。读者可以在学习过程中，通过扫描页面上的二维码，即可打开相应知识技能的微视频，配合图书轻松完成学习。

　　本书适合相关领域的初学者、专业技术人员、爱好者及相关专业的师生阅读。

使用手机扫描书中的"二维码"，开启全新的微视频学习模式……

图书在版编目（CIP）数据

空调器维修自学宝典 / 韩雪涛主编． —— 北京：电子工业出版社，2021.6
　（自学宝典系列）
　ISBN 978-7-121-41026-0

Ⅰ．①空…　Ⅱ．①韩…　Ⅲ．①空气调节器－维修－基本知识　Ⅳ．①TM925.120.7

中国版本图书馆CIP数据核字（2021）第071462号

责任编辑：富　军
印　　　刷：北京盛通印刷股份有限公司
装　　　订：北京盛通印刷股份有限公司
出版发行：电子工业出版社
　　　　　北京市海淀区万寿路173信箱　邮编　100036
开　　本：787×1 092　1/16　印张：20.75　字数：531.2千字
版　　次：2021年6月第1版
印　　次：2021年6月第1次印刷
定　　价：98.00元

前 言

这是一本全面介绍空调器专业维修知识和综合操作技能的自学宝典。

本书是专门为从事和希望从事空调器维修、安装、移机等相关工作的初学者和技术人员编写的，可在短时间内提升初学者的维修技能，为技术人员提供更大的拓展空间，丰富实践经验。

空调器的维修知识与操作技能连接紧密，实践性强，对读者的维修专业知识和动手能力都有很高的要求。为了能够编写好本书，我们依托数码维修工程师鉴定指导中心进行了大量的市场调研和资料汇总，从空调器维修相关岗位的需求角度出发，对空调器维修所涉及的专业维修知识和综合操作技能进行系统的整理，以国家相关职业资格标准为核心，结合岗位的培训特点，重组技能培训架构，制订符合现代行业技能培训特色的学习计划，确保读者能够轻松、快速地掌握空调器维修的相关知识和操作技能，以满足相关岗位的需求。

明确学习目标

本书目标明确，使读者从零基础起步，以国家相关职业资格标准为核心，以岗位就业为出发点，以自学为目的，以短时间内掌握空调器专业维修知识和综合操作技能为目标，实现对空调器维修知识的全精通。

创新学习方式

本书以市场导向引领知识架构，按照空调器安装、调试、维修岗位的从业特色和技术要点，以全新的培训理念编排内容，摒弃传统图书冗长的文字表述和不适用的理论解析，以实用、够用为原则，依托实际应用展开讲解，通过大量的结构图、拆分图、原理图、三维效果图、平面演示图及实际操作的演示，让读者轻松、直观地学习。

升级配套服务

本书由数码维修工程师鉴定指导中心组织编写，由全国电子行业资深专家韩广兴教授亲自指导。编写人员有行业资深工程师、高级技师和一线教师。本书无处不渗透着专业团队的经验和智慧，使读者在学习过程中如同有一群专家在身边指导，将学习和实践中需注意的重点、难点一一化解，大大提升学习效果。

为方便读者学习，本书空调器电路图中的电路图形符号与厂家实物标注（各厂家的标注不完全一致）一致，不进行统一处理。

值得注意的是，若想将空调器维修知识活学活用、融会贯通，须结合实际工作岗位进行循序渐进的训练。因此，为读者提供必要的技术咨询和交流是本书的另一大亮点。如果读者在工作学习过程中遇到问题，可以通过以下方式与我们交流。

数码维修工程师鉴定指导中心

联系电话：022-83718162/83715667/13114807267　　E-mail：chinadse@163.com

地址：天津市南开区榕苑路4号天发科技园8-1-401　　邮编：300384

编　者

目 录

第13章 —— 231 ——
空调器通信电路检修

第14章 —— 240 ——
空调器变频电路检修

第15章 —— 252 ——
空调器综合检修实例

第1章

认识空调器

1.1 空调器的铭牌参数

1.1.1 空调器铭牌的重要参数

如图1-1所示，空调器铭牌用于标识型号和参数，一般位于室内机、室外机的侧面或底部。

KELON®

分体壁挂式房间空调器（室内机）

产品型号：	KFR-23GW/ND
内机型号：	KFR-23G/ND
外机型号：	KFR-23W-K3
额定制冷量/热泵制热量：	2300W/2550W
电热制热量：	400W
噪声：室内机/室外机	33dB(A)/49dB(A)
室内侧循环风量：	410m³/h
制冷剂名称/注入量：	R22/0.72kg
额定电流：制冷/热泵	3.9A/3.7A
额定输入功率：制冷/热泵	835W/790W
电加热器类型：	RGL
电加热器输入功率/电流：	400W/1.8A
EER/COP：	2.75/3.23
额定电压/额定功率：	220V~/50Hz
质量：室内机/室外机	8kg/28kg
防触电保护类别：	I类

（a）室内机

分体落地式热泵型房间空调器
（室外机组）

型　　　　号	KFR-40W/Ad
配用机组	KFR-40L/Ad
电　　　源	~50Hz 220V
防水等级	IPX4
制冷额定输入功率、电流	1400W 6.4A 室内27℃（干球）室外35℃（国标）室内19℃（干球）室外24℃（国标）
热泵制热额定输入功率、电流	1370W 6.2A 室内20℃（干球）室外7℃（国标）室内12℃（干球）室外6℃（国标）
最大输入功率和电流	1650W 7.5A 室内27℃（干球）室外43℃（国标）室内20℃（干球）室外35℃（国标）
吸气侧最高工作压力	0.65MPa
排气侧最高工作压力	2.9MPa
试验外部静压	≥77327Pa
制冷剂及充填量	R22 1.45kg
循环风量	1530m³/h
噪声	≤55dB(A)
净质量	48kg
出厂编号	991001668

江苏春兰制冷设备股份有限公司

（b）室外机

图1-1　空调器室内机和室外机的铭牌

多说两句！

不同品牌的空调器，其铭牌所标识的信息不同，一般由生产厂商根据空调器的自身特点和使用需求进行标识，包括型号、制冷/制热量、制冷剂类型及充注量、噪声、额定电压/电流/功率等信息。

1 型号

图1-2为我国空调器型号命名的统一格式。

KFR-35G/06ABP
分体热泵型挂壁式变频
房间空调器室内机

K：家用房间空调器　　F：分体式
R：热泵型（冷暖型）　　35：额定制冷量为3500W
G：室内机为壁挂式　　06A：设计序号
BP：变频

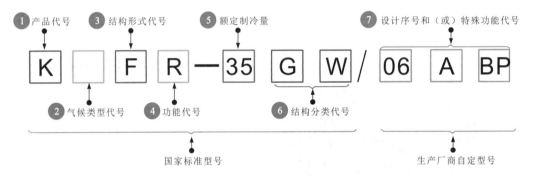

① 产品代号　③ 结构形式代号　⑤ 额定制冷量　⑦ 设计序号和（或）特殊功能代号

K □ F R — 35 G W / 06 A BP

② 气候类型代号　④ 功能代号　⑥ 结构分类代号

国家标准型号　　　　　生产厂商自定型号

图1-2　我国空调器型号命名的统一格式

图1-2解析

① 产品代号：家用房间空调器代号用字母K标识。

② 气候类型代号：一般为T1型（温带气候），气候环境最高温度为43℃，代号被省略。

③ 结构形式代号：整体式和分体式，整体式代号为C，分体式代号为F。

④ 功能代号：空调器按功能主要分为冷风型、热泵型及电热型。其中，冷风型代号被省略；热泵型（冷暖型）代号为R；电热型（电热装置制热，常见于早期的空调器中）代号为D；RD或Rd表示热泵辅助电加热型。

⑤ 额定制冷量：用阿拉伯数字表示，实际结果为数字×100W，如35，表示3500W。

⑥ 结构分类代号：包括整体式和分体式的分类代号。其中，整体式结构分类代号分为窗式和移动式，窗式代号一般被省略，移动式代号为Y；分体式结构分类代号分为室内机组和室外机组，室内机组结构分类为吊顶式（代号为D）、壁挂式（代号为G）、落地式（代号为L）、嵌入式（代号为Q）等，室外机组结构分类代号为W。

⑦ 设计序号和（或）特殊功能代号：允许用汉语拼音字母和（或）阿拉伯数字表示，常见的几种特殊功能代号：D（d），辅助电加热；BP，变频（定频省略代号）；ZBP，直流变频；F，负离子；Y，遥控控制（仅限窗式机）；J，离子除尘；X，双向换风。

空调器的型号命名规则遵循国家标准（GB/T7725—2004），即不同生产厂商在进行家用空调器型号命名时，"/"之前的命名相同，且符合国家标准；"/"之后的设计序号和（或）特殊功能代号，会因生产厂商自身的实际情况进行命名。

例如，某空调器型号为KFR-26GW/（26556）FNDe-3，在"/"之前的符合国家标准；在"/"之后的26556，标识出生产厂商生产的序列号（内部物料识别代码），F为压缩机类型（表示直流变频），N表示环保型冷媒R410A，De为版本更新代号（D代表第4次改进，"3"为N3的简写，表示能效等级为3.0以上）。

2 制冷量

图1-3为空调器铭牌上的制冷量标识。制冷量是衡量空调器制冷能力的重要参数，是指在空调器制冷时，在单位时间内从密封空间散出的制冷量，国家标准单位为瓦（W），一般可从空调器型号标识中识读或直接在空调器室内机铭牌参数部分识读。

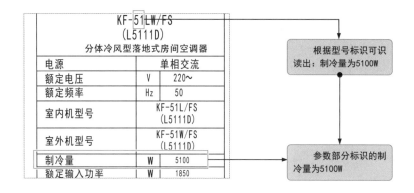

图1-3 空调器铭牌上的制冷量标识

在日常生活中，通常使用匹数（HP）来描述空调器的制冷能力。匹数简称匹，实际代表耗电量，1匹空调器的耗电功率一般为735W。

1匹空调器换算到国际制冷量：1匹空调器的制冷量大约为2000大卡，换算成国际单位瓦，应乘以1.162的系数，如1匹空调器的制冷量应为1HP×2000 大卡×1.162=2324W。

在选购和实际使用空调器时，耗电量是人们普遍关注的重要参数，可首先根据铭牌上的制冷量换算出相应的匹数，再根据1匹空调器的耗电功率为735W进行相应的换算。

例如，制冷量为2400W的空调器对应的匹数为1匹，耗电功率为735W，每小时耗电量约0.7度。

制冷量为3500W的空调器对应的匹数为1.5匹，耗电功率为735W×1.5，约为1100W，每小时耗电量约1.1度。除了压缩机，风扇和其他部件也需要耗电，因此每小时总耗电量为1.3度左右。

空调器制冷量与匹数、耗电功率之间的关系见表1-1。

表1-1　空调器制冷量与匹数、耗电功率之间的关系

制冷量	匹数	压缩机耗电功率	总耗电量（/小时）	制冷量	匹数	压缩机耗电功率	总耗电量（/小时）
2300W以下	小1匹	约720W	约0.8度	4800 W或5000 W	正2匹	1470W	约1.8度
2400W或2500W	正1匹	735W	约0.9度	5100 W或5200 W	大2匹	约1600 W	约1.9度
2600～2800W	大1匹	约800W	约0.9度	6000 W或6100 W	正2.5匹	约1837 W	约2.25度
3200W	小1.5匹	约980W	约1.1度	7000 W或7100 W	正3匹	约2205 W	约2.7度
3500 W或3600 W	正1.5匹	约1100W	约1.3度	12000 W	正5匹	约3675 W	约4.5度
4500 W或4600 W	小2匹	约1400W	约1.5度				

注：1～1.5匹的空调器多为壁挂式；2～5匹的空调器多为柜式。

3 制热量

图1-4为空调器铭牌上的制热量标识。空调器的制热量是指空调器在单位时间内，向完全封闭的空间里送入的热量。制热量的单位通常也用瓦（W）表示。空调器的制热量一般都比制冷量多10%~15%。

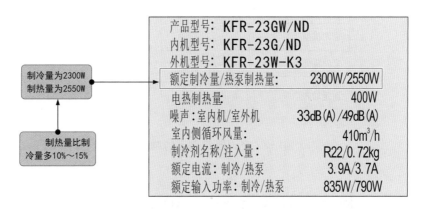

图1-4　空调器铭牌上的制热量标识

在变频空调器中，由于变频工作特性，因此制冷量和制热量为一个有效范围

图1-5为变频空调器铭牌上的制热量和制冷量标识。

运转状态	单位	制冷	制热
额定能力（范围）	kW	3.5 (1.0-4.2)	4.5 (0.9-5.0)
额定输入功率	kW	1.30 (0.35-1.95)	1.60 (0.40-2.20)
额定输入电流	A	6.35	7.80
最大输入电流	A	9.50	10.5
SEER、HSPF	W·h/W·h	3.30	3.30

图1-5　变频空调器铭牌上的制热量和制冷量标识

4 额定工作参数

图1-6为空调器铭牌上的额定工作参数。

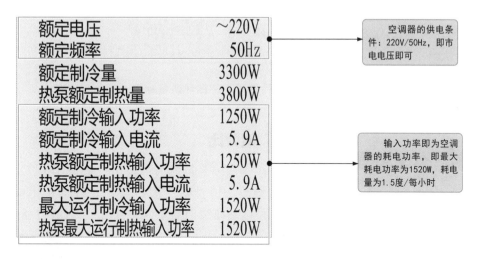

额定电压	～220V
额定频率	50Hz
额定制冷量	3300W
热泵额定制热量	3800W
额定制冷输入功率	1250W
额定制冷输入电流	5.9A
热泵额定制热输入功率	1250W
热泵额定制热输入电流	5.9A
最大运行制冷输入功率	1520W
热泵最大运行制热输入功率	1520W

空调器的供电条件：220V/50Hz，即市电电压即可

输入功率即为空调器的耗电功率，即最大耗电功率为1520W，耗电量为1.5度/每小时

图1-6 空调器铭牌上的额定工作参数

空调器正常工作时需要满足基本的工作条件，铭牌上一般会标识出正常工作状态下的额定电压、额定制冷输入电流及额定制冷输入功率等参数。当超出或无法达到工作条件时，空调器将出现异常。

 5 循环风量

图1-7为空调器铭牌上的循环风量标识。

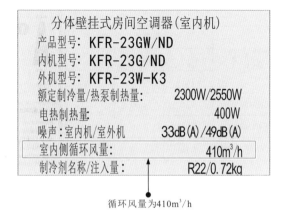

分体壁挂式房间空调器(室内机)	
产品型号：	KFR-23GW/ND
内机型号：	KFR-23G/ND
外机型号：	KFR-23W-K3
额定制冷量/热泵制热量：	2300W/2550W
电热制热量：	400W
噪声：室内机/室外机	33dB(A)/49dB(A)
室内侧循环风量：	410m³/h
制冷剂名称/注入量：	R22/0.72kg

循环风量为410m³/h

图1-7 空调器铭牌上的循环风量标识

循环风量是指空调器单位时间内向密闭空间送入的风量，也就是每小时流过蒸发器的空气量。循环风量是空调器的重要参数，选用空调器时，在保证噪声允许的范围内，风量大的空调器更节能。

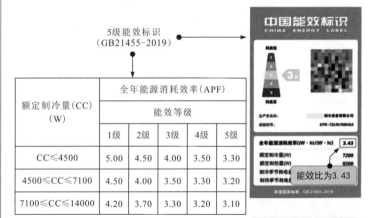

分体落地式房间空调器（室内机）	
额定制冷量：	7150W
噪声：室内机	52dB(A)
室外机：	63dB(A)
室内机循环风量：	1080m³/h

循环风量为1080m³/h

图1-7 空调器铭牌上的循环风量标识（续）

 6 能效比

在空调器各种参数信息中，能效比也是一项比较重要的参数。该参数一般统一标识在"中国能效标识"上，并粘贴在空调器室内机外壳上，如图1-8所示。

5级能效标识
（GB21455-2019）

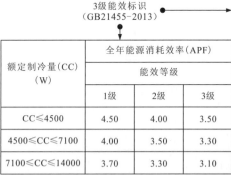

能效比是指在额定工况和规定条件下，空调器进行制冷运行时，实际制冷量与实际输入功率之比，即能效比=制冷量/输入功率。

能效比可反映单位输入功率在空调器运行过程中转换成的制冷量。空调器能效比越高，在制冷量相等时节省的电能就越多。

额定制冷量(CC)（W）	全年能源消耗效率(APF)				
	能效等级				
	1级	2级	3级	4级	5级
CC≤4500	5.00	4.50	4.00	3.50	3.30
4500＜CC＜7100	4.50	4.00	3.50	3.30	3.20
7100≤CC≤14000	4.20	3.70	3.30	3.20	3.10

能效比为3.43

3级能效标识
（GB21455-2013）

额定制冷量(CC)（W）	全年能源消耗效率(APF)		
	能效等级		
	1级	2级	3级
CC≤4500	4.50	4.00	3.50
4500＜CC＜7100	4.00	3.50	3.30
7100≤CC≤14000	3.70	3.30	3.10

能效比为5.11

图1-8 中国能效标识

在空调器铭牌上一般还标识有制冷剂的种类及充注量、噪声、防触电保护类型、排气侧最高工作压力、吸气侧最高工作压力等参数，了解和熟悉这些参数对空调器的维修工作十分重要。

1.1.2 空调器铭牌识读

了解空调器铭牌信息的含义,是学习空调器维修的重要环节。

图1-9为华宝KF-71LW/B33型空调器铭牌识读案例。

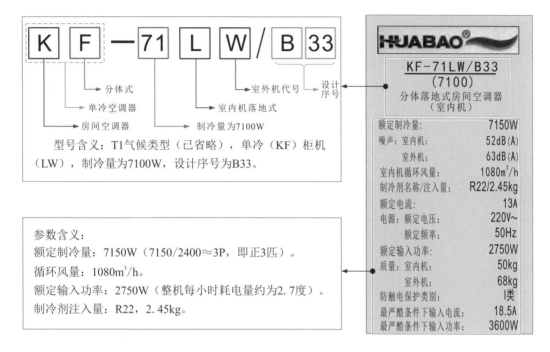

图1-9 华宝KF-71LW/B33型空调器铭牌识读案例

图1-10为科龙KFR-35W/EFVLS3型空调器铭牌识读案例。

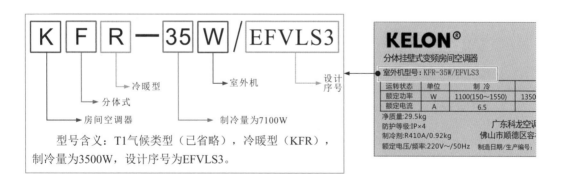

图1-10 科龙KFR-35W/EFVLS3型空调器铭牌识读案例

设计序号一般根据生产厂商内部规范使用,图1-10中科龙空调器的设计序号为EFVLS3。其中,E表示网络大电商定制机;F表示新冷媒(410a);VL为外观序号;S表示苏宁定向产品(G为国美定向产品);3表示能效等级。

图1-11为海信KFR-72LW/97FZBpB型空调器铭牌识读案例。

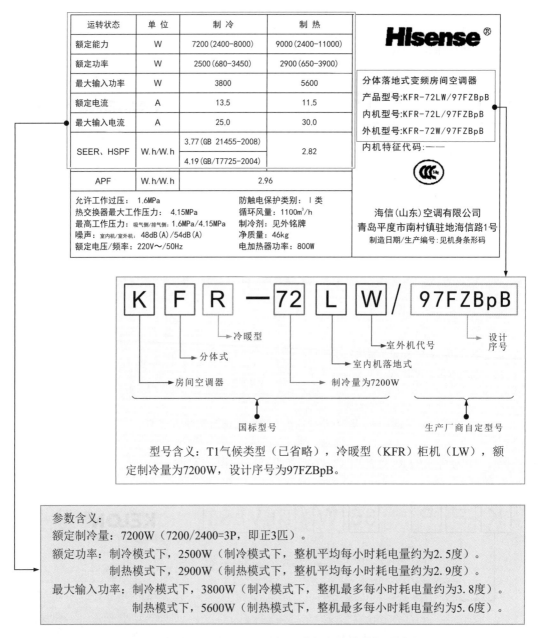

运转状态	单 位	制 冷	制 热
额定能力	W	7200 (2400-8000)	9000 (2400-11000)
额定功率	W	2500 (680-3450)	2900 (650-3900)
最大输入功率	W	3800	5600
额定电流	A	13.5	11.5
最大输入电流	A	25.0	30.0
SEER、HSPF	W.h/W.h	3.77 (GB 21455-2008)	2.82
		4.19 (GB/T7725-2004)	
APF	W.h/W.h	2.96	

允许工作过压：1.6MPa
热交换器最大工作压力：4.15MPa
最高工作压力：吸气侧/排气侧 1.6MPa/4.15MPa
噪声：室内机/室外机：48dB(A)/54dB(A)
额定电压/频率：220V～/50Hz

防触电保护类别：Ⅰ类
循环风量：1100m³/h
制冷剂：见外铭牌
净质量：46kg
电加热器功率：800W

Hisense®

分体落地式变频房间空调器
产品型号：KFR-72LW/97FZBpB
内机型号：KFR-72L/97FZBpB
外机型号：KFR-72W/97FZBpB
内机特征代码：——

海信(山东)空调有限公司
青岛平度市南村镇驻地海信路1号
制造日期/生产编号：见机身条形码

型号含义：T1气候类型（已省略），冷暖型（KFR）柜机（LW），额定制冷量为7200W，设计序号为97FZBpB。

参数含义：
额定制冷量：7200W（7200/2400=3P，即正3匹）。
额定功率：制冷模式下，2500W（制冷模式下，整机平均每小时耗电量约为2.5度）。
　　　　　制热模式下，2900W（制热模式下，整机平均每小时耗电量约为2.9度）。
最大输入功率：制冷模式下，3800W（制冷模式下，整机最多每小时耗电量约为3.8度）。
　　　　　　　制热模式下，5600W（制热模式下，整机最多每小时耗电量约为5.6度）。

图1-11　海信KFR-72LW/97FZBpB型空调器铭牌识读案例

　　图1-11中，海信空调器自定型号为97FZBpB。其中，97表示系列；F表示环保制冷剂（410a，无F，则制冷剂为R22）；ZBp表示直流变频；B表示改进型代号。
　　有些海信空调器，其自定型号部分标识出特定功能，如KFR-35GW/A8V860H-A2：A8代表行销系列名称；V代表室内机箱代号；860代表外观序号，其中的第1位为格栅，第2位为面板，第3位为花色；H代表特殊功能；A2中的字母代表能效（A为变频APF，E为定速EER），数字代表能效等级。
　　海信空调器的命名规则中：BP代表变频；ZBP代表直流变频；RBP代表卧室宝（Room）系列；MBP代表国美包销型号；NBP代表苏宁包销型号；FZBP代表无氟环保冷酶系列；SZBP代表矢量直流王系列。

图1-12为格力KFR-35G/（35570）Aa-3型空调器铭牌识读案例。

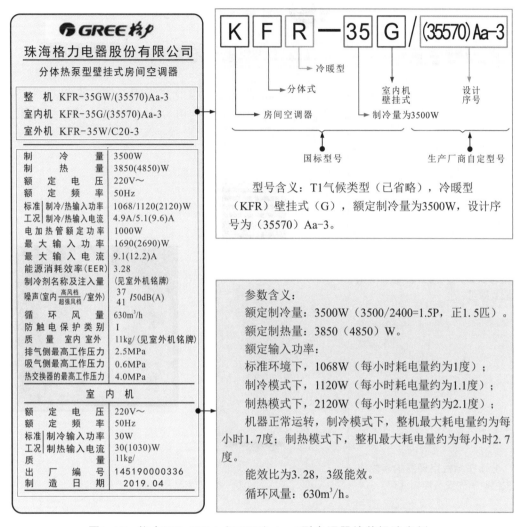

图1-12　格力KFR-35G/（35570）Aa-3型空调器铭牌识读案例

图1-12中，格力空调器的自定型号为（35570）Aa-3。其中，35570表示工厂出产序列号（内部物料识别代码）；Aa表示版本更新代号；3为N3简写，表示能效等级为3级。

在格力空调器型号命名中，F表示直流变频，N表示环保制冷剂R410a，如KFR-35GW/（32570）FNBa-3表示N3能效等级、环保制冷剂为R410a（N）的直流变频（F）壁挂式（G）冷暖（R）空调器。

　　自定型号由生产厂商按照行业标准规范制定，在市场上常见的空调器中，除海信、格力外，美的空调器型号的命名也比较有代表性。例如，型号为KFR-35GW/BP3DN1Y-L（3）美的空调器，其中国标部分根据国家统一命名标准识读即可，自定型号部分：BP3表示全直流变频，即压缩机、室内/外风扇电动机均为变频电动机（BP2表示直流变频，仅压缩机为直流变频）；D表示电辅助加热；N1表示环保制冷剂R410a；Y表示遥控；L表示系列（深度睡眠系列）；3表示能效等级为3。

 1.2 **空调器的种类**

1.2.1 壁挂式空调器和柜式空调器

空调器主要用于调节空气的温度、湿度、纯净度及流速等。空调器按结构可分为分体壁挂式和分体柜式，如图1-13所示。

分体柜式空调器的室内机无需特殊安装，只需放置到室内相应位置即可。

（a）分体柜式空调器的室内机和室外机

分体壁挂式空调器的室内机在安装时需先安装挂板（架）。

分体壁挂式空调器室内机挂板（架）

（b）分体壁挂式空调器的室内机和室外机

图1-13 空调器的实物外形

分体壁挂式空调器

图1-14为分体壁挂式空调器的室内机。室内机主要用来接收人工指令，并对室外机提供电源和控制信号。

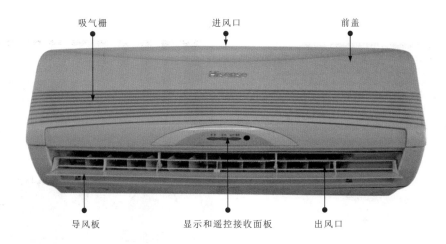

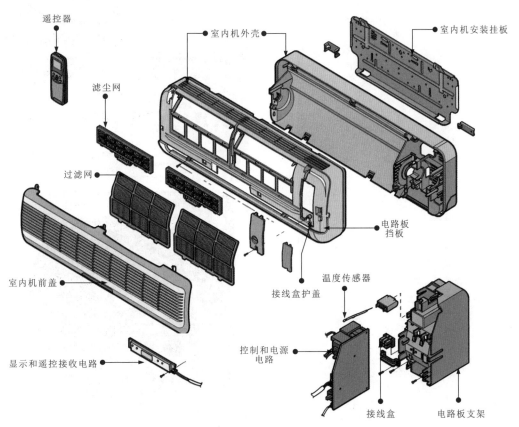

图1-14 分体壁挂式空调器的室内机

2 分体柜式空调器

　　图1-15为分体柜式空调器的室内机。柜式空调器室内机垂直放置在地面上。吸气栅板和空气过滤网位于机身的下方。拆下吸气栅板和空气过滤网后，可看到柜式空调器特有的离心风扇组件。出风口位于机身的上部。蒸发器位于出风口内部。

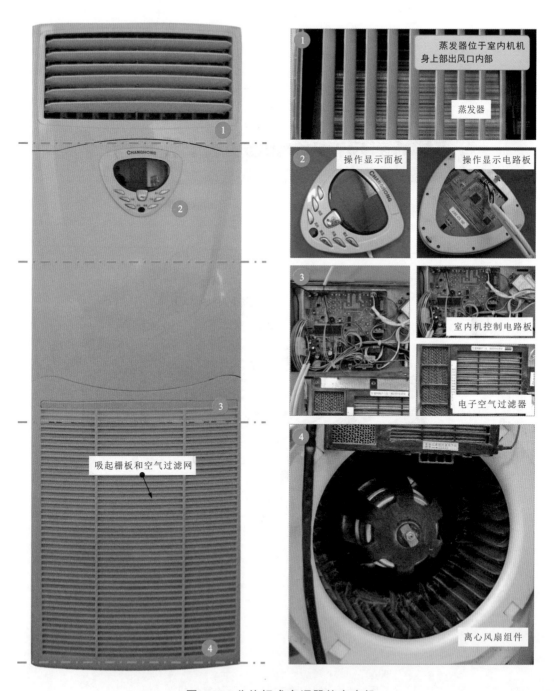

图1-15　分体柜式空调器的室内机

1.2.2 单冷型空调器和冷暖型空调器

空调器按功能进行分类，可分为单冷型空调器和冷暖型空调器。

1 单冷型空调器

图1-16为单冷型空调器的铭牌。这种空调器只具备制冷和除湿功能。

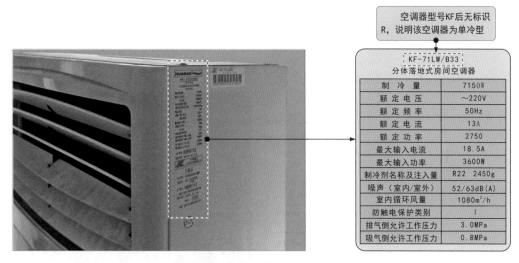

图1-16 单冷型空调器的铭牌

2 冷暖型空调器

图1-17为冷暖型空调器的铭牌。冷暖型空调器具备制冷、制热、除湿等多重功能。

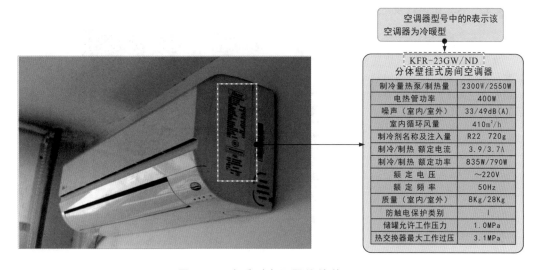

图1-17 冷暖型空调器的铭牌

1.2.3 定频空调器和变频空调器

空调器按压缩机的工作频率，可分为定频空调器和变频空调器。

1 定频空调器

图1-18为定频空调器的铭牌与室外机电路板。通常，定频空调器的控制过程较为简单，室外机的电路结构也不复杂。

根据型号可知该空调器为定频空调器

定频空调器的功率是固定的，不会变动

室外机电路结构比较简单，只由几个器件构成

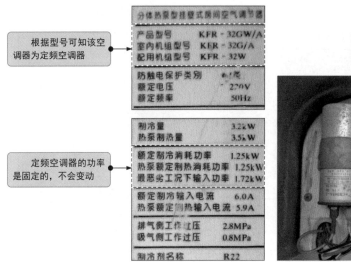

（a）定频空调器铭牌　　　　　（b）定频空调器室外机电路板

图1-18　定频空调器的铭牌与室外机电路板

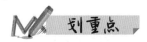

定频空调器是指输入电压的频率、压缩机的转速及输出功率均不变的空调器，依靠启/停压缩机的方式来调节室内的温度。

图1-19为定频空调器的压缩机组件。

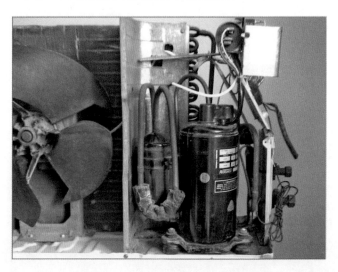

图1-19　定频空调器的压缩机组件

2 变频空调器

图1-20为变频空调器的铭牌与室外机电路板。

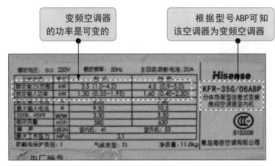

变频空调器
的功率是可变的

根据型号ABP可知
该空调器为变频空调器

（a）变频空调器铭牌

（b）变频空调器室外机电路板

图1-20 变频空调器的铭牌与室外机电路板

图1-21为变频空调器的变频压缩机组件。

变频控制电路板　　　变频压缩机

图1-21 变频空调器的变频压缩机组件

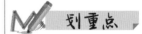

变频空调器的控制过程复杂，室外机电路也较定频空调器复杂很多，由多个功能电路组成。

变频压缩机采用变频驱动方式，由变频电路控制。变频电路通过改变驱动电压的频率和大小，来改变变频压缩机的转速和输出功率。

15

第2章

空调器结构

2.1 空调器室内机结构

2.1.1 空调器室内机的组成

图2-1为空调器的室内机。从外形上看，空调器室内机呈长方形，在其背部可以找到与室外机连接的管路及电源线。

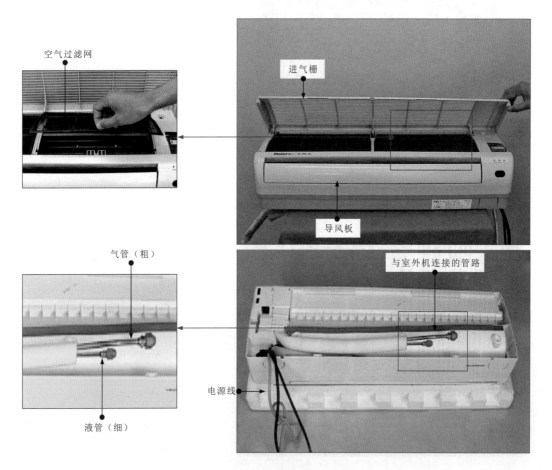

图2-1 空调器的室内机

图2-2为空调器室内机的内部结构。空调器室内机的内部主要有蒸发器、导风板组件、贯流风扇组件、主电路板、遥控接收电路板、温度传感器等。

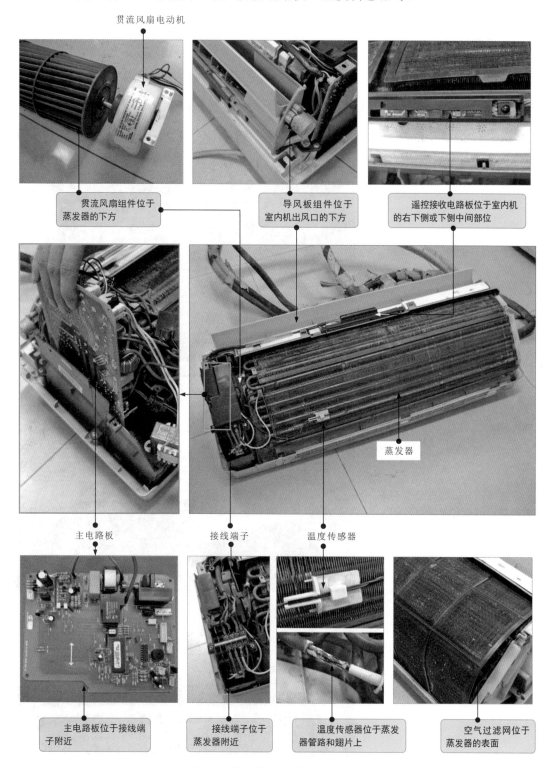

贯流风扇电动机

贯流风扇组件位于蒸发器的下方

导风板组件位于室内机出风口的下方

遥控接收电路板位于室内机的右下侧或下侧中间部位

蒸发器

主电路板

接线端子

温度传感器

主电路板位于接线端子附近

接线端子位于蒸发器附近

温度传感器位于蒸发器管路和翅片上

空气过滤网位于蒸发器的表面

图2-2 空调器室内机的内部结构

17

2.1.2 空调器室内机外壳的拆卸

空调器室内机外壳的拆卸需要先拆卸空气过滤网和清洁滤尘网，然后拆卸室内机盖板。

1 拆卸空气过滤网和清洁滤尘网

图2-3为拆卸空气过滤网和清洁滤尘网的操作。

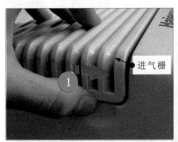
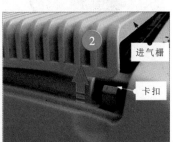

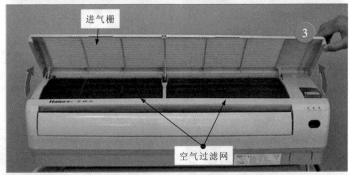

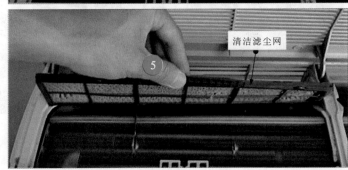

图2-3 拆卸空气过滤网和清洁滤尘网的操作

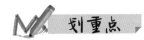

① 用手按下位于机壳两侧的按扣，并向上提起。

② 稍微用力即可将卡扣打开，使进气栅脱离。

③ 将进气栅向上掀开，即可看到内藏在进气栅和蒸发器之间的空气过滤网和清洁滤尘网。

④ 轻轻向上提空气过滤网卡扣即可将其取出。

⑤ 空气过滤网下面是清洁滤尘网，向上轻提卡扣即可将清洁滤尘网抽出。

2 拆卸室内机盖板

图2-4为拆卸室内机盖板的操作。

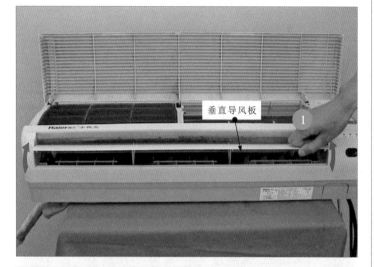

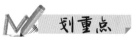

① 拆卸时，应先将垂直导风板掀起。

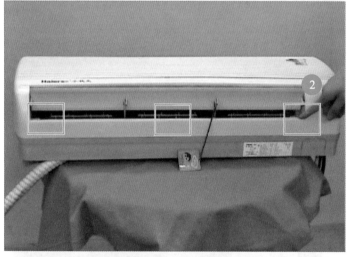

② 为了保持美观，在固定螺钉上有卡扣作为装饰。

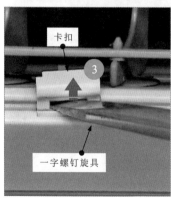

③ 使用一字螺钉旋具轻轻撬动卡扣。

④ 撬开卡扣后，方可看到固定螺钉。

图2-4　拆卸室内机盖板的操作

卸下固定螺钉

螺钉旋具

5

5 使用螺钉旋具依次将三颗固定螺钉拧下。

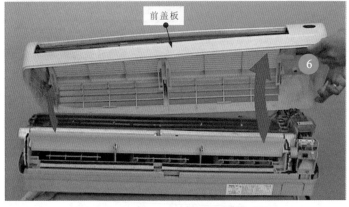

前盖板

6

6 取下所有固定螺钉后，即可将前盖板小心掀起，拆下来。

图2-4 拆卸室内机盖板的操作（续）

2.1.3 空调器室内机电路板的拆卸

图2-5为空调器室内机电路部分。

划重点

一般来说，空调器室内机电路部分主要是由遥控接收电路板、指示灯电路板、电源电路板和智能控制电路板等构成的。

指示灯电路板

遥控接收电路板

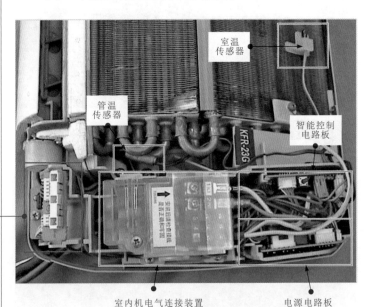

室温传感器

管温传感器

智能控制电路板

KFR-23G

室内机电气连接装置

电源电路板

图2-5 空调器室内机电路部分

1 拆卸遥控接收电路板和指示灯电路板

图2-6为拆卸室内机遥控接收电路板和指示灯电路板的操作。

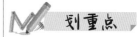

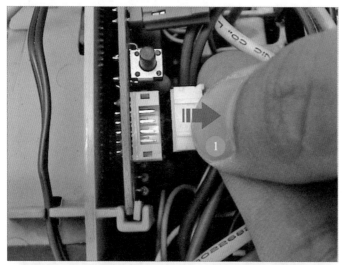

1 顺着遥控接收电路板连接引线找到指示灯电路板与智能控制电路板相连的接线插口后，将插头拔下。

2 将遥控接收电路引线从卡线槽上取下。

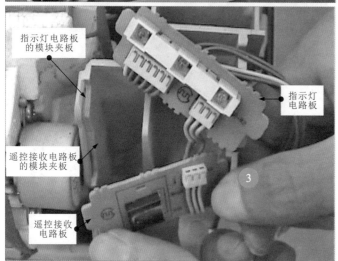

3 依次将指示灯电路板和遥控接收电路板从模块夹板中取出。

图2-6　拆卸室内机遥控接收电路板和指示灯电路板的操作

划重点

2 拆卸室内机电气连接装置

图2-7为拆卸室内机电气连接装置的操作。

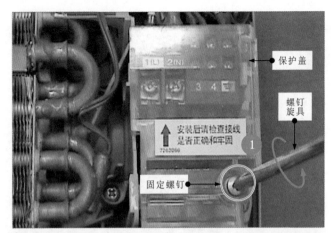

保护盖

螺钉旋具

安装后请检查接线
是否正确和牢固

固定螺钉

① 用螺钉旋具将保护盖的固定螺钉拧下。

1（L）	2（N）	3	4	⏚
压缩机供电线缆	四通阀室外风扇供电线缆		地线	

② 取下保护盖后，即可看到与室外机连接的线缆接头。

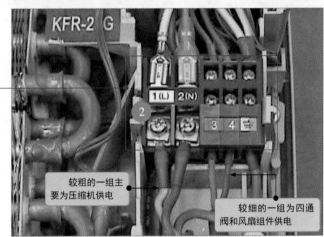

较粗的一组主要为压缩机供电

较细的一组为四通阀和风扇组件供电

③ 使用螺钉旋具将"1（L）"的螺钉拧松。

④ 使用螺钉旋具将"2（N）"的螺钉拧松。

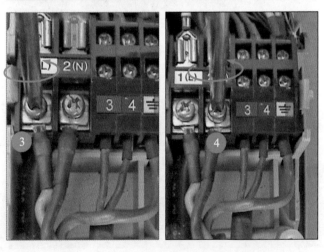

图2-7　拆卸室内机电气连接装置的操作

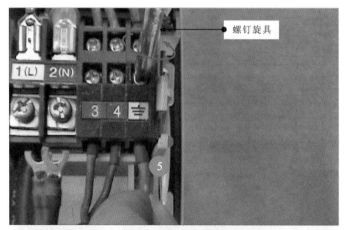

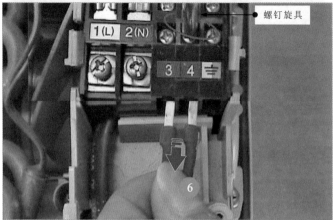

图2-7 拆卸室内机电气连接装置的操作（续）

3 拆卸室内机温度传感器

图2-8为拆卸室内机温度传感器的操作。

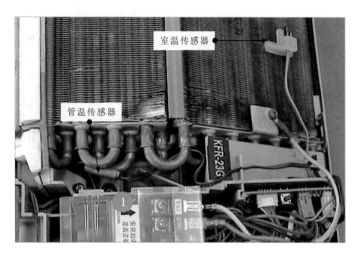

图2-8 拆卸室内机温度传感器的操作

划重点

⑤ 使用螺钉旋具将"接地线"的螺钉拧松后，分别将供电线缆的接头拔出。

⑥ 使用螺钉旋具将"3"和"4"端的螺钉拧松后，拔出线缆接头。

① 空调器室内机中有两个温度传感器：一个是室温传感器，安装在蒸发器的翅片上，主要用于检测环境温度；另一个是管温传感器，安装在管道上，用于检测制冷管的管路温度。

划重点

② 将室温传感器的探头取下。

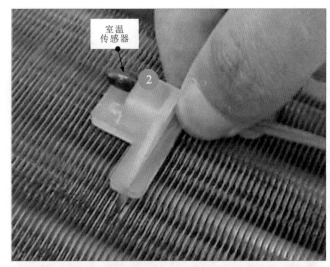

③ 沿着室温传感器的引线找到连接插件，小心地将室温传感器连接插件拔下。

④ 管温传感器是由一个卡子辅助固定在铜管上的，将管温传感器插件拔下。

图2-8 拆卸室内机温度传感器的操作（续）

4 拆卸电源电路板和智能控制电路板

图2-9为拆卸电源电路板和智能控制电路板的操作。

固定模块
（电路板的固定组件）

图2-9 拆卸电源电路板和智能控制电路板的操作

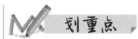

由于感温器、导风组件驱动电动机、遥控接收和指示灯电路板等都是通过连接引线与电源电路板和智能控制电路板连接的，因此，在拆卸电源电路板和智能控制电路板时，首先要将与这两块电路板无关的插件拔下。

1 将导风组件驱动电动机插件拔下。

2 用螺钉旋具将电路板模块固定螺钉依次拧下（有4颗固定螺钉）。

3 小心将固定模块向上抬起，注意可能有未断开的连接引线，不要将其损坏。

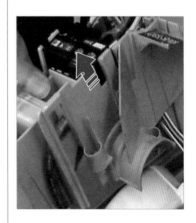

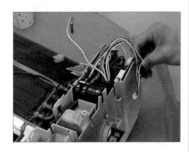

划重点

4️⃣ 将贯流风扇驱动电动机的连接插件拔下，就可将电源电路板和智能控制电路板连同固定模块一起取下来。

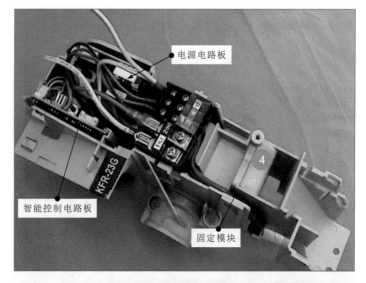

电源电路板

智能控制电路板

固定模块

KFR-23G

4

5️⃣ 将固定模块翻转后，可以看到变压器固定螺钉，使用螺钉旋具将其拧下。

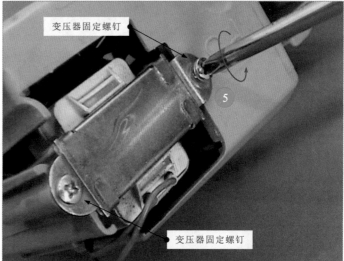

变压器固定螺钉

变压器固定螺钉

5

6️⃣ 电气连接装置是由卡扣固定在固定模块中的，将卡扣向外稍微用力掰开，就可取下。

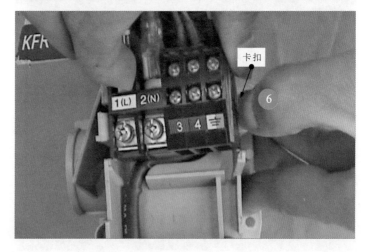

KFR

卡扣

1(L) 2(N)

3 4

6

图2-9 拆卸电源电路板和智能控制电路板的操作（续）

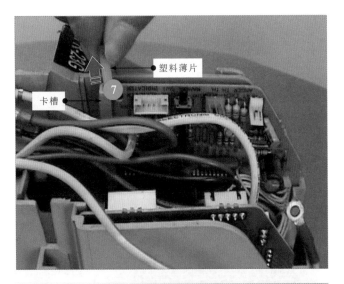

塑料薄片

卡槽

⑦

⑧

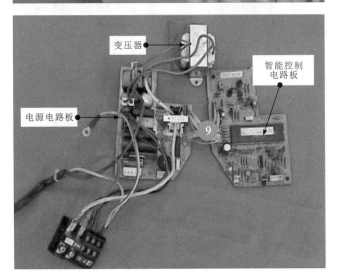

变压器

智能控制
电路板

电源电路板

⑨

图2-9 拆卸电源电路板和智能控制电路板的操作（续）

划重点

⑦ 将电源电路板和智能控制电路板从固定模块中取下之后，应将卡槽中的塑料薄片拔出。

⑧ 小心将电源电路板和智能控制电路板分别顺卡槽向上拉动一定距离后，再同时向上提拉，即可连同变压器一起从固定模块中取出。

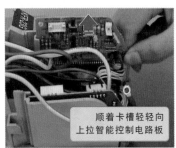

顺着卡槽轻轻向
上拉智能控制电路板

顺着卡槽轻轻向
上拉电源电路板

⑨ 变压器的两组引线分别连接到电源电路板上，电源电路板与智能控制电路板之间由一排白色的引线相连。

2.2 空调器室外机结构

2.2.1 空调器室外机的组成

图2-10为空调器的室外机。在空调器室外机上通常可以找到排风口、上盖、前盖、底座、截止阀、接线护盖等。

图2-10　空调器的室外机

图2-11为空调器室外机分解示意图。

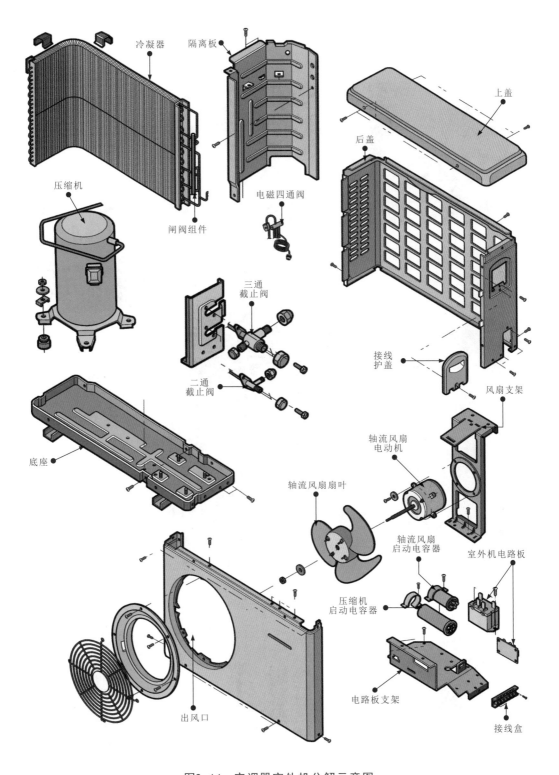

图2-11 空调器室外机分解示意图

图2-12为空调器室外机内部的主要组成部件。一般来说，空调器室外机内部包括冷凝器、轴流风扇组件、压缩机、电磁四通阀、毛细管、干燥过滤器、单向阀、主电路板等部分。

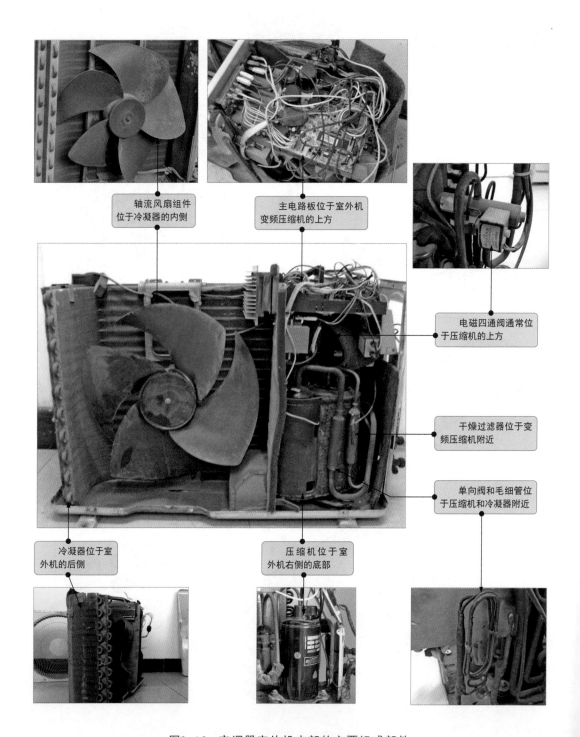

轴流风扇组件位于冷凝器的内侧

主电路板位于室外机变频压缩机的上方

电磁四通阀通常位于压缩机的上方

干燥过滤器位于变频压缩机附近

单向阀和毛细管位于压缩机和冷凝器附近

冷凝器位于室外机的后侧

压缩机位于室外机右侧的底部

图2-12　空调器室外机内部的主要组成部件

2.2.2 空调器室外机外壳的拆卸

拆卸室外机外壳，主要包括拆卸室外机上盖和拆卸室外机前盖两部分。

1 拆卸空调器室外机上盖

图2-13为拆卸空调器室外机上盖的操作。

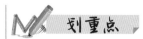

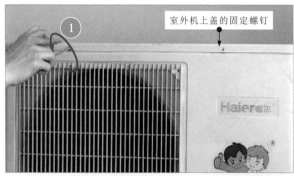

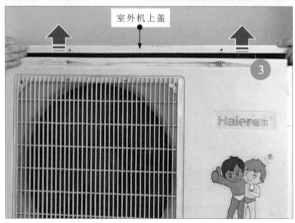

图2-13　拆卸空调器室外机上盖的操作

划重点

① 在室外机上盖的正面有两颗固定螺钉，使用螺钉旋具将固定螺钉拧下。

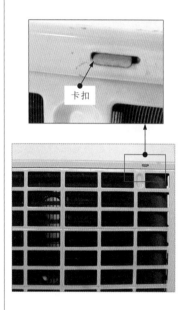

② 室外机上盖的背面还有两个卡扣用于将室外机上盖固定在机体上。在拆卸室外机上盖时，首先将室外机上盖向后掀起一定角度，使室外机上盖后部的卡扣从固定卡槽中脱离。

③ 待室外机上盖后部的卡扣从固定卡槽中脱离后，就可以将室外机上盖卸下。

划重点

2 拆卸空调器室外机前盖

图2-14为拆卸空调器室外机前盖的操作。

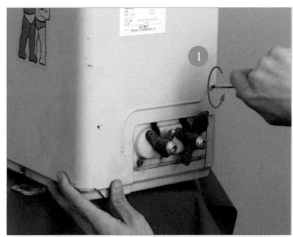

1 在室外机前盖的左边、右边和下边各有两颗固定螺钉，使用螺钉旋具将固定螺钉一一拧下。

2 在室外机接线板处还有一颗固定螺钉，用于将电路板与室外机前盖固定在一起，用螺钉旋具将固定螺钉拧下。

3 卸下室外机前盖后，即可看到冷凝器、风扇组件、电子线路、压缩机及制冷管路等。

图2-14 拆卸空调器室外机前盖的操作

2.2.3 空调器室外机接线盒的拆卸

图2-15为拆卸空调器室外机接线盒的操作。

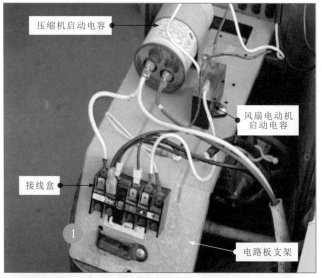

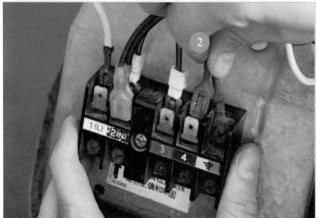

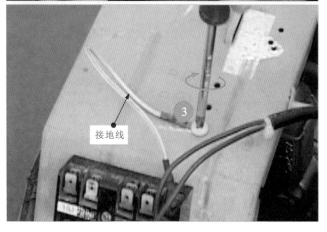

图2-15 拆卸空调器室外机接线盒的操作

划重点

1 接线盒通过固定螺钉固定在电路板支架上，用螺钉旋具将固定螺钉拧下。

在拔下连接插件时，由于电路板与压缩机、风扇组件及周边功能部件都有连接关系，因此在拆卸时，要仔细查看或记录连接关系，切不可盲目操作，以免回装时发生错误，导致空调器故障。

多说两句！

2 将接线盒上的连接引线一一拔下。

3 将接线盒与电路板支架连接的接地线拆下。

第3章

空调器电路

3.1 空调器的电路组成部件

3.1.1 空调器电路中的电子元器件

图3-1为空调器电路中的常见电子元器件。

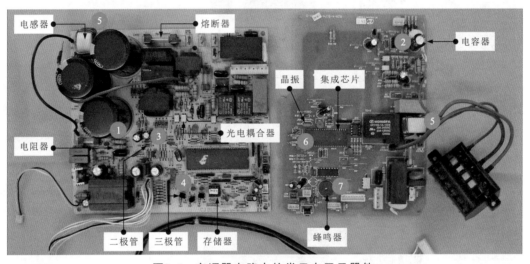

图3-1 空调器电路中的常见电子元器件

图3-1解析

① 电阻器是应用较多的电子元器件之一，常用于分压电路、限流电路等。常见的电阻器主要有色环电阻器、贴片电阻器、排电阻器等。

② 电容器常用于电源滤波电路，可隔直流、通交流。常见的电容器主要有电解电容器、贴片电容器及排电容器等。

③ 二极管常用于整流电路、稳压电路中，具有单向导通的特性。常见的二极管主要有整流二极管、稳压二极管及发光二极管等。

④ 三极管在电路中具有电流放大、实现开关等功能，有三个引脚，分别为基极（B）、集电极（C）和发射极（E）。

⑤ 电感器在电路中可起到滤除杂波的作用。常见的电感器有色环电感器、色码电感器、贴片电感器等。

⑥ 集成芯片在电路中常用IC表示，具有多个引脚。

⑦ 蜂鸣器主要用于报警，圆形，在电路板中较为独立。

3.1.2 空调器电路中的电气部件

图3-2为空调器电路中的常见电气部件。

室外机电路板

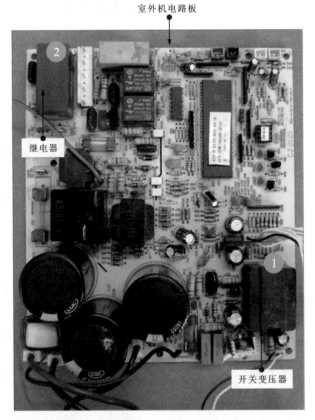

继电器

开关变压器

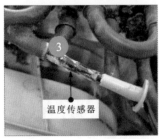

温度传感器

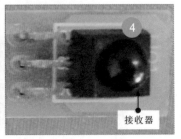

接收器

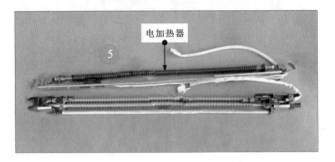

电加热器

图3-2 空调器电路中的常见电气部件

划重点

常见的电气部件主要有变压器、接收器、温度传感器、继电器及电加热器等。

1 在室外机电路板上有两种变压器，即降压变压器和开关变压器。其中，降压变压器主要用于实现降压功能；开关变压器可将高频高压脉冲变成多组高频低压脉冲。

2 继电器在电路中作为控制部件主要用于控制供电及其他部件的运行状态等。

3 温度传感器通过导线与电路板相连，可将管路中的温度变化送至控制电路中。

4 接收器通常有三个引脚，在电路中用来接收遥控器送来的控制信号。

5 在有些空调器（冷暖型）中安装有电加热器，用于在制热模式下辅助加热。

3.2 空调器中的电路板

3.2.1 电源电路板

空调器中的电源电路板可分为室外机电源电路板和室内机电源电路板。图3-3为空调器室外机电源电路板。

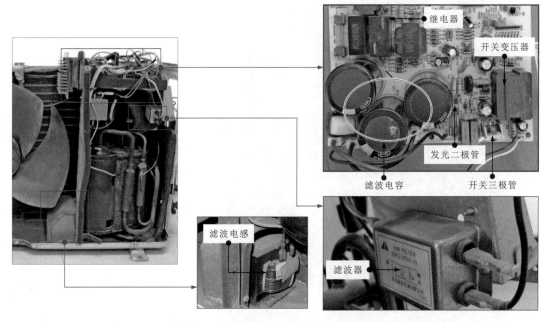

图3-3 空调器室外机电源电路板

图3-4为空调器室内机电源电路板。

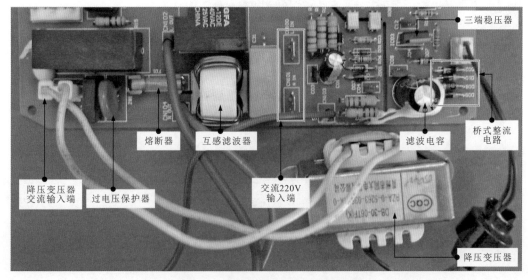

图3-4 空调器室内机电源电路板

1 **滤波器**

图3-5为空调器室外机电源电路板上的滤波器。

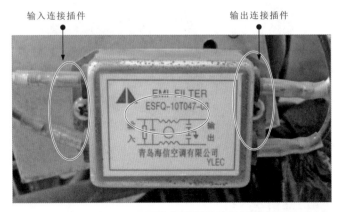

输入连接插件　　　　　　　输出连接插件

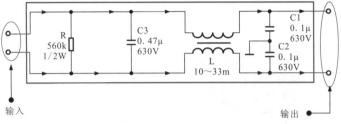

输入　　　　　　　　　　　　　　　　输出

图3-5　空调器室外机电源电路板上的滤波器

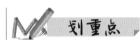
划重点

滤波器的内部主要由电阻器、电容器及电感器等构成，主要用于滤除室外机电源电路（主要为开关振荡电路和次级输出电路）中产生的电磁干扰。

2 **电抗器**

图3-6为空调器室外机电源电路板上的电抗器。

电抗器

图3-6　空调器室外机电源电路板上的电抗器

电抗器一般连接在滤波器的后级，主要用于对滤波器输出的电压进行平滑滤波，为后级整流电路提供波动较小的交流电压。

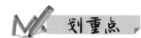

滤波电感接在整流电路的后级，用于对整流后的电压进行平滑滤波，为室外机电源电路中的开关振荡电路提供稳定的直流电压。

3 滤波电感

图3-7为空调器室外机电源电路板上的滤波电感。

滤波电感

图3-7 空调器室外机电源电路板上的滤波电感

4 继电器

图3-8为空调器室外机电源电路板上的继电器。

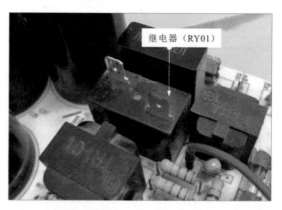

继电器（RY01）

图3-8 空调器室外机电源电路板上的继电器

继电器是一种当输入电磁量达到一定值时，输出量将发生跳跃式变化的自动控制部件。在空调器室外机电源电路中，继电器用于控制触点的通、断。

5 滤波电容

图3-9为空调器室外机电源电路板上的滤波电容。

滤波电容是空调器室外机电源电路板上体积较大的电容，主要用于对直流电压进行平滑滤波处理，滤除直流电压中的脉动分量，从而变为稳定的直流电压。

在滤波电容的外壳上通常标有负极性标识，方便确认引脚极性

图3-9 空调器室外机电源电路板上的滤波电容

6 开关三极管

图3-10为空调器室外机电源电路板上的开关三极管。

散热片

开关三极管（Q01）

开关三极管
背部引脚

图3-10 空调器室外机电源电路板上的开关三极管

7 发光二极管

图3-11为空调器室外机电源电路板上的发光二极管。

发光二极管
（LED01）

图3-11 空调器室外机电源电路板上的发光二极管

8 熔断器

图3-12为空调器室内机电源电路板上的熔断器。

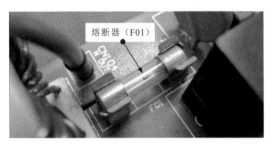

熔断器（F01）

图3-12 空调器室内机电源电路板上的熔断器

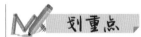

划重点

开关三极管工作时会产生大量的热量，因此一般安装在散热片上，主要起开关的作用。

发光二极管主要用于指示工作状态，常用字母LED或D标识。

熔断器通常串接在交流220V输入电路中，当电路发生过载故障或异常时，电流会不断升高，过高的电流有可能损坏电路中的某些重要元器件。熔断器会在电流异常升高到一定程度时，靠自身熔断来切断电路，从而起到保护电路的目的。

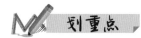

互感滤波器是由两组线圈在磁芯上对称绕制而成的，可通过互感原理消除来自外部电网的干扰，同时可使由空调器产生的脉冲信号不会辐射到外部电网对其他电子设备造成影响。

9 互感滤波器

图3-13为空调器室内机电源电路板上的互感滤波器。

图3-13 空调器室内机电源电路板上的互感滤波器

10 过电压保护器

图3-14为空调器室内机电源电路板上的过电压保护器。

过电压保护器实际上是一只压敏电阻器。当送给空调器电路中的交流220V电压过高，达到或者超过过电压保护器的临界值时，过电压保护器的阻值会急剧变小，使熔断器迅速熔断，起到保护电路的作用。

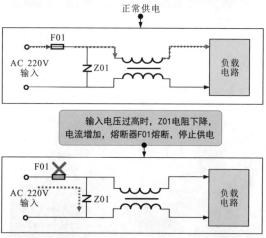

图3-14 空调器室内机电源电路板上的过电压保护器

11 降压变压器

图3-15为空调器室内机电源电路板上的降压变压器。

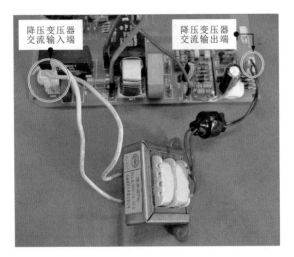

图3-15 空调器室内机电源电路板上的降压变压器

12 桥式整流电路

图3-16为空调器室内机电源电路板上的桥式整流电路。

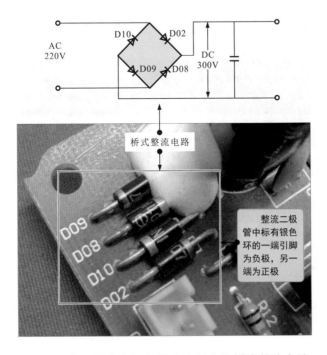

图3-16 空调器室内机电源电路板上的桥式整流电路

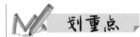

降压变压器的主要功能是将交流220V电压转变成交流低压后为后级电路板供电。

桥式整流电路是由四只整流二极管按照桥式整流的结构连接而成的，主要用于将降压变压器输出的交流低压整流为直流电压。

划重点

三端稳压器共有三个引脚，分别为输入端、输出端和接地端。由桥式整流电路送来的直流电压（+12V），经三端稳压器稳压后，输出+5V直流电压，为控制电路或其他部件供电。

13 三端稳压器

图3-17为空调器室内机电源电路板上的三端稳压器。

图3-17　空调器室内机电源电路板上的三端稳压器

3.2.2 控制电路板

空调器中的控制电路主要是以微处理器为核心的自动检测与自动控制电路，用于控制空调器中各部件的协调运行。

图3-18为空调器中的控制电路板。

空调器室内机控制电路板上主要有微处理器、存储器、陶瓷谐振器及反相器等部件。

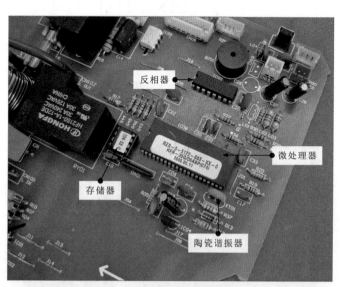

（a）室内机控制电路板

图3-18　空调器中的控制电路板

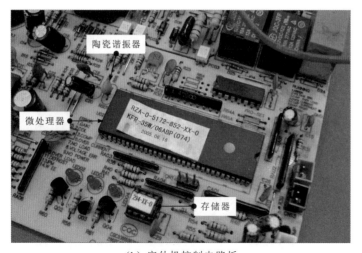

（b）室外机控制电路板

图3-18　空调器中的控制电路板（续）

1 微处理器

图3-19为空调器室内机控制电路板上的微处理器。

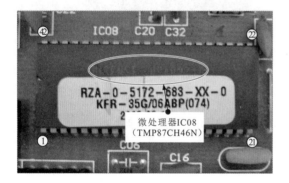

图3-19　空调器室内机控制电路板上的微处理器

2 陶瓷谐振器

图3-20为空调器室内机控制电路板上的陶瓷谐振器。

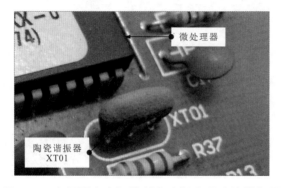

图3-20　空调器室内机控制电路板上的陶瓷谐振器

根据微处理器表面的标识，通过查询相关手册，可以找到内部结构和引脚功能。

陶瓷谐振器是控制电路板上外形特征十分明显的部件，通常位于微处理器附近，主要用来与微处理器内部的振荡电路构成时钟振荡器，产生时钟信号，使微处理器能够正常运行，确保控制电路可以正常工作。

多说两句!

陶瓷谐振器是一种采用陶瓷材料制作的谐振器，功能和工作原理与晶体振荡器相同，只是制作材料不同，精度不同。晶体振荡器的精度和稳定性更好一些。

图3-21为陶瓷谐振器和晶体谐振器的实物外形。

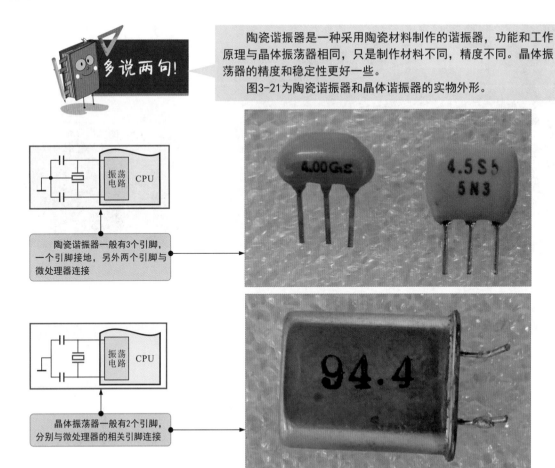

振荡电路　CPU

陶瓷谐振器一般有3个引脚，一个引脚接地，另外两个引脚与微处理器连接

振荡电路　CPU

晶体振荡器一般有2个引脚，分别与微处理器的相关引脚连接

图3-21　陶瓷谐振器和晶体谐振器的实物外形

3　存储器

图3-22为空调器室内机控制电路板上的存储器。

划重点

存储器一般安装在微处理器附近，主要用来存储变频空调器的工作程序及调整后的工作状态、工作模式、温度设置等数据信息。

空调器关机后，存储器内部存储的数据不会丢失，再开机时，设置的参数仍然保留，不必重新调整。

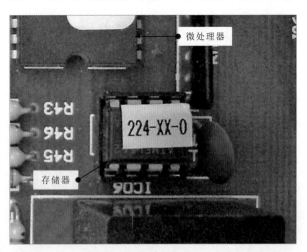

微处理器

存储器

图3-22　空调器室内机控制电路板上的存储器

4 复位电路

图3-23为空调器室内机控制电路板上的复位电路。

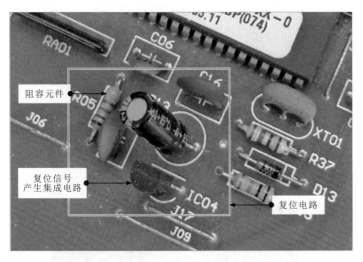

阻容元件

复位信号
产生集成电路

复位电路

图3-23 空调器室内机控制电路板上的复位电路

不同品牌、不同型号的空调器，其复位电路略有区别。
图3-24为两种微处理器的复位电路。

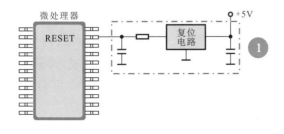

微处理器

RESET

复位电路

+5V

①

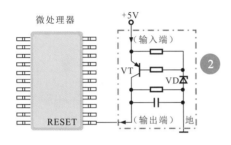

微处理器

RESET

+5V

（输入端）

VT

VD

（输出端）

地

②

图3-24 两种微处理器的复位电路

划重点

复位电路主要用来为微处理器提供复位信号，使微处理器初始化，并从头开始运行，是微处理器初始工作不可缺少的电路之一，通常是由一个产生复位信号的集成电路和阻容元件构成的。

多说两句！

① 复位电路是为微处理器提供清零信号的电路，通过对电源供电电压的监测产生一个复位信号。当控制电路开始工作时，电源电路输出+5V电压为微处理器（CPU）供电，+5V的建立是一个由0V到5V的上升过程，如果在上升过程中CPU开始工作，则会因电压不足导致程序紊乱。复位电路实际上是一个延迟供电电路，当电源电压由0V上升到4.3V以上时才输出复位信号，此时CPU才开始启动程序进入工作状态。

② +5V电压加到复位电路的输入端，当输入端的电压由0V上升到4.3V以前，其内部三极管VT的基极为反向偏置状态而截止。当输入端电压超过4.3V时，稳压二极管VD被击穿，三极管VT导通，输出端输出复位信号。

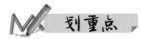

5 反相器

图3-25为空调器控制电路板上的反相器。

反相器是一种集成的反相放大器，主要用于将微处理器输出的控制信号进行反相放大，可作为微处理器的接口电路对控制电路中的继电器、蜂鸣器和电动机等进行控制。

反相器集成电路表面上的标识通常是由数字和字母构成的，表明反相器的型号，通过型号可查询其内部结构或引脚功能。

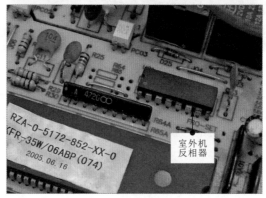

图3-25　空调器控制电路板上的反相器

图3-26为反相器（ULN2809AP）的内部结构。该反相器由7个相同的反相放大单元构成，每一个输出端对应一个输入端，每一个反相放大单元可驱动一个继电器或其他部件。

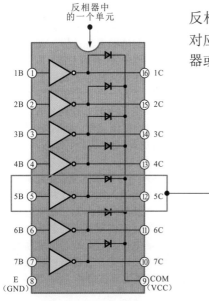

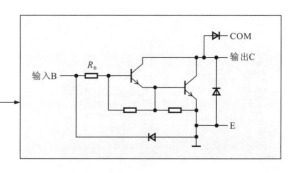

图3-26　反相器（ULN2809AP）的内部结构

6 继电器

图3-27为空调器室内机控制电路板上的继电器。该继电器为固态继电器（TLP3616），实际上是一种光控晶闸管。

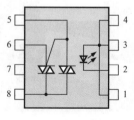

继电器TLP3616内部结构

当发光二极管两端有电压而发光时，双向晶闸管导通，即6脚和8脚导通，控制贯流风扇电动机运转。

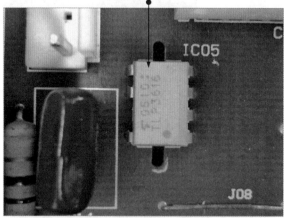

固态继电器IC05
（TLP3616）

图3-27 空调器室内机控制电路板上的继电器

有些空调器室内机控制电路板上安装有多个继电器，可分别控制压缩机、室外机轴流风扇驱动电动机及电磁四通阀等。其外形与固态继电器有所差别，如图3-28所示。

多说两句！

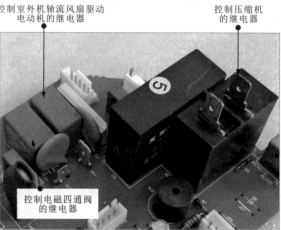

控制室外机轴流风扇驱动电动机的继电器

控制压缩机的继电器

控制电磁四通阀的继电器

图3-28 其他继电器的实物外形

7 温度传感器

温度传感器是指对温度进行感应，并将感应到的温度变化情况转换为电信号的功能部件。

图3-29为与空调器控制电路板连接的温度传感器。通常，空调器室内机设有两个温度传感器，即室内环境温度传感器和室内管路温度传感器。室外机设置有一个温度传感器，即室外环境温度传感器。

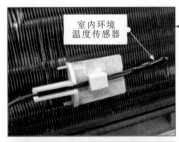

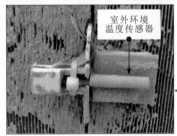

图3-29　与空调器控制电路板连接的温度传感器

划重点

① 贯流风扇电动机接口用于输出贯流风扇电动机驱动信号。

② 贯流风扇电动机霍尔元件连接接口用来输入贯流风扇电动机的速度信号，由微处理器根据接收到的速度信号输出控制指令，控制贯流风扇的转速。

③ 遥控接收电路连接接口用于输入人工指令信号、输出显示信号。

④ 导风板电动机接口用于输出导风板电动机驱动信号。

⑤ 温度传感器连接接口用于输入温度检测信号。

8 各种接口

图3-30为空调器室内机控制电路板上的各种接口。

图3-30　空调器室内机控制电路板上的各种接口

3.2.3 显示及遥控电路板

图3-31为空调器中的显示及遥控电路板。

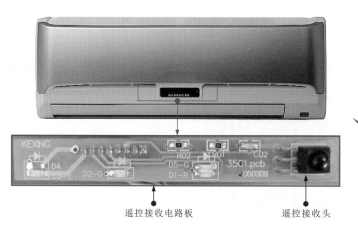

遥控接收电路板　　　　　　遥控接收头

图3-31　空调器中的显示及遥控电路板

1 遥控器

图3-32为空调器的遥控器。

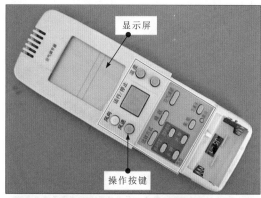

显示屏

操作按键

红外发光
二极管

微处理器

晶体

图3-32　空调器的遥控器

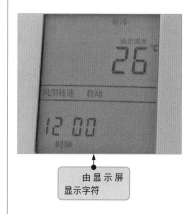

将遥控器拆开，即可发现显示屏是通过导电硅胶与外围电路连接的，如图3-33所示。导电硅胶的作用是使触点与显示屏的引脚连接，从而完成数据的传送。

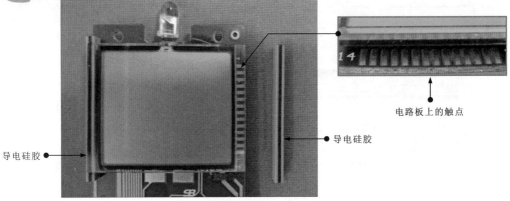

电路板上的触点

导电硅胶

导电硅胶

图3-33　显示屏的连接方法

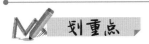

图3-34为显示及遥控电路板上的微处理器和晶体振荡器。

微处理器

1　微处理器可以对空调器的各种控制信息进行编码，并将编码信号调制到载波上，通过红外发光二极管以红外光的形式发射到空调器室内机的遥控接收电路。

2　陶瓷谐振器与微处理器内部的振荡电路构成晶体振荡器，用于为微处理器提供时钟信号。该信号也是微处理器的基本工作条件之一。在通常情况下，陶瓷谐振器安装在微处理器附近，在其表面通常会标有振荡频率。

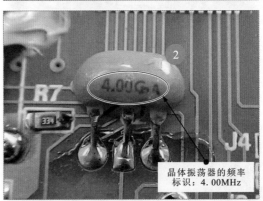

晶体振荡器的频率
标识：4.00MHz

图3-34　显示及遥控电路板上的微处理器和晶体振荡器

在有些遥控器电路中有两个晶体振荡器，如图3-35所示。其中一个为主晶体振荡器，另一个为副晶体振荡器。

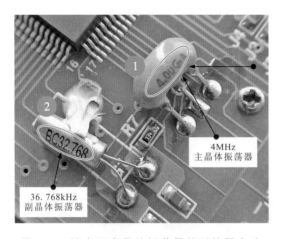

图3-35 设有两个晶体振荡器的遥控器电路

① 4MHz主晶体振荡器与微处理器内部的振荡电路产生4MHz的高频时钟振荡信号，为微处理器芯片提供主时钟信号。

② 32.768kHz副晶体振荡器与微处理器内部的振荡电路产生32.768kHz的低频时钟振荡信号，为显示驱动电路提供待机时钟信号。

图3-36为遥控电路中的红外发光二极管。根据空调器品牌、型号的不同，遥控电路中可有两个红外发光二极管或一个红外发光二极管。

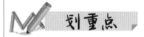

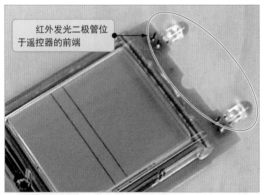

图3-36 遥控电路中的红外发光二极管

红外发光二极管通常安装在遥控器的前端，主要用于将电信号变成红外光信号并发射出去。

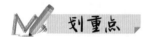

2 遥控接收电路

图3-37为空调器中的遥控接收电路。

遥控接收电路主要是由连接插件、发光二极管、遥控接收器等部件构成的，主要用于为电源电路供电，并接收、处理由遥控器送来的红外信号。

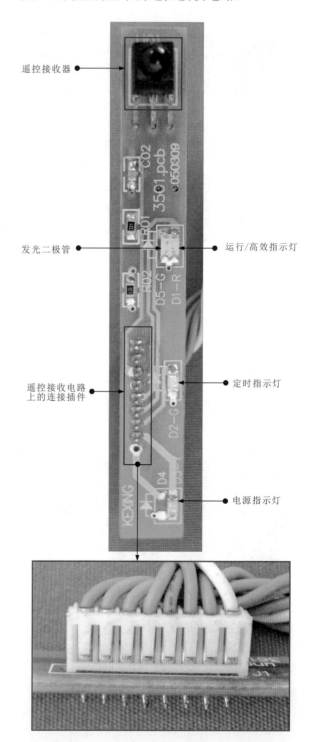

遥控接收器

发光二极管

运行/高效指示灯

遥控接收电路
上的连接插件

定时指示灯

电源指示灯

图3-37 空调器中的遥控接收电路

图3-38为遥控接收电路中的遥控接收器。

遥控接收器主要用来接收由遥控器发出的人工指令，经内部各功能模块处理后，将其变成脉冲控制信号，送到室内机控制电路的微处理器中，为控制电路提供人工指令。

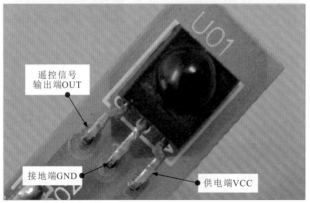

遥控信号输出端OUT

接地端GND

供电端VCC

图3-38 遥控接收电路中的遥控接收器

图3-39为遥控接收器的内部结构。遥控接收器由光电二极管将接收到的光信号转换成电信号，经AGC放大、滤波、整形后变成控制信号输出。

多说两句！

光电二极管的感光灵敏区是在红外光谱区。当使用遥控器操作时，遥控器的红外光照到遥控接收器的光电二极管上，光电二极管的电流会随之变化，经AGC放大、滤波、整形等处理后，输出到微处理器中，作为指令信号。

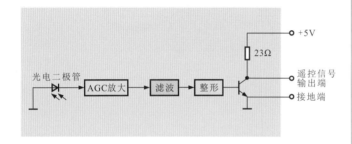

图3-39 遥控接收器的内部结构

3.2.4 通信电路板

通信电路板是变频空调器中的一个特有电路板，主要用于实现室内机与室外机之间的数据传输，由室内机通信电路和室外机通信电路两部分构成，如图3-40所示。

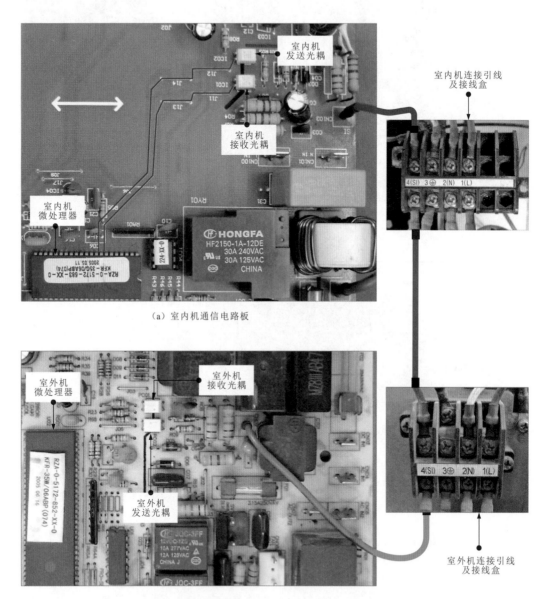

（a）室内机通信电路板

（b）室外机通信电路板

图3-40　空调器中的通信电路板

室内机通信电路板上包括室内机微处理器、室内机通信光耦（室内机发送光耦、室内机接收光耦）和室内机连接引线；室外机通信电路板上包括室外机微处理器、室外机通信光耦（室外机发送光耦、室外机接收光耦）和室外机连接引线等。

1 通信光耦

图3-41为空调器通信电路板上的通信光耦。一般情况下，通信电路板上有四个通信光耦。室内机两个，分别为室内机发送光耦和室内机接收光耦；室外机两个，分别为室外机发送光耦和室外机接收光耦。

通信光耦的电路结构

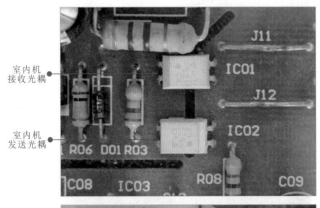

通信光耦是由一个光敏三极管和一个发光二极管构成的，是一种以光敏方式传递信号的部件。

在空调器的通信线路中，由于通信信息的传输借助交流供电线路，因而需采用隔离措施，利用光传递信号就可以与交流线路进行良好的隔离。室内机的开机指令加到通信光耦内的发光二极管，将数据信号转换成光信号，经光敏三极管将光信号转换成电信号后，由传输线路传到室外机中；来自室外机微处理器的工作状态信号（反馈信号）也经由通信光耦将电信号转换为光信号，再变成电信号送入室内机中。

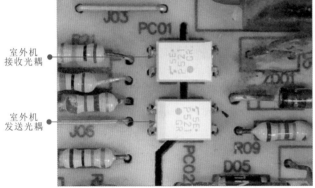

图3-41 空调器通信电路板上的通信光耦

通信光耦多为四个引脚，即一侧为发光二极管的两个引脚，另一侧为光敏三极管的两个引脚。还有一种六个引脚的通信光耦，如图3-42所示。

多说两句！

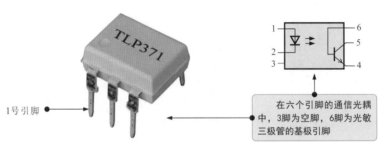

1号引脚

在六个引脚的通信光耦中，3脚为空脚，6脚为光敏三极管的基极引脚

图3-42 六个引脚的通信光耦

2 连接引线和接线盒

图3-43为空调器通信电路板上的连接引线和接线盒。

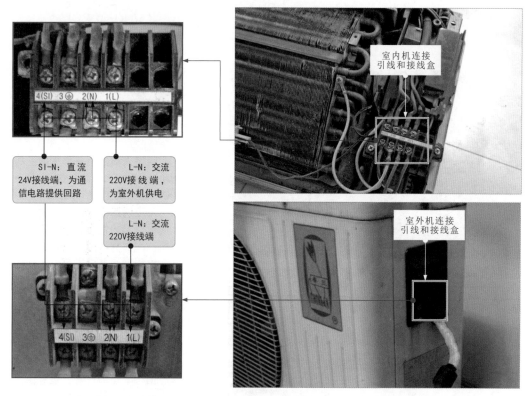

图3-43　空调器通信电路板上的连接引线和接线盒

3.2.5　变频电路板

图3-44为空调器中的变频电路板。变频电路板是变频空调器中特有的电路模块，通常安装在空调器室外机变频压缩机的上端。

图3-44　空调器中的变频电路板

智能功率模块　散热片

变频电路板　　智能功率模块安装在散热片上

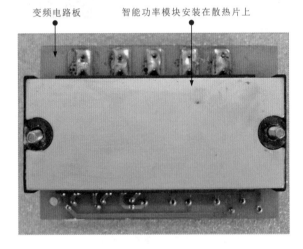

变频电路供电及　光耦合器　　控制及检测
驱动信号接插件　　　　　　　信号连接接口

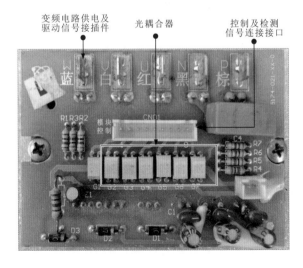

图3-44　空调器中的变频电路板（续）

划重点

智能功率模块安装在变频电路板与散热片之间。

散热片

智能功率模块内部一般集成有逆变器电路（功率输出管）、逻辑控制电路、电压电流检测电路、电源供电接口等，主要用来输出变频压缩机的驱动信号，是变频电路中的核心部件

变频电路主要是由智能功率模块、光耦合器、接插件及外围元器件等构成的，主要功能是为变频压缩机提供驱动电流，调节变频压缩机的转速。

第4章

空调器维修基础

 4.1 空调器工作原理

4.1.1 空调器制冷原理

图4-1为空调器的制冷过程。

室内空气与
蒸发器进行热交换

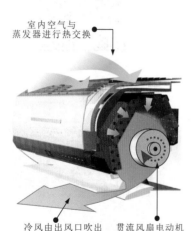

冷风由出风口吹出　贯流风扇电动机

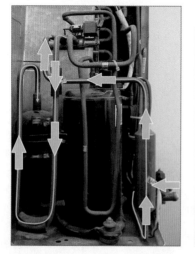

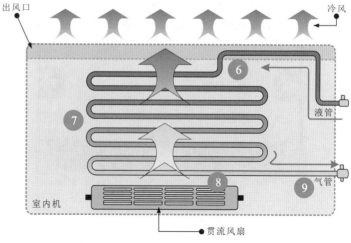

出风口　　　　　　　　　　　冷风

液管

室内机　　　　　　　　　　　　气管

贯流风扇

① 制冷剂在压缩机中压缩，将原本低温低压的制冷剂气体压缩
成高温高压的过热蒸气，由压缩机排气口排出。

② 高温高压的过热蒸气从电磁四通阀A口进入，从B口流入冷
凝器。

③ 高温高压的过热蒸气在冷凝器中冷却后，在热交换过程中散
发出来的热量被轴流风扇从室外机出风口吹出。

④ 经冷凝器冷却后，高温高压的过热蒸气变成低温高压的制冷
剂液体，再经干燥过滤器干燥处理后送入毛细管。

图4-1　空调器的制冷过程

⑤ 毛细管又细又长，起节流降压的作用，低温高压的制冷剂液体经毛细管后变为低温低压的制冷剂液体，再经单向阀后由液管送入室内机。

⑥ 低温低压的制冷剂液体经液管送入室内机后，进入蒸发器中。

⑦ 制冷剂液体在蒸发器中气化时，会吸收周围的热量，使蒸发器周围空气的温度下降。

⑧ 蒸发器周围的低温空气在贯流风扇的作用下由出风口吹入室内，便是感受到的冷风。

⑨ 蒸发器中的制冷剂液体吸热气化后重新变为低温低压的制冷剂气体，经气管重新回到室外机。

⑩ 重回室外机的低温低压制冷剂气体再经电磁四通阀的D口进入，由C口返回压缩机吸气口，开始下一个制冷循环。

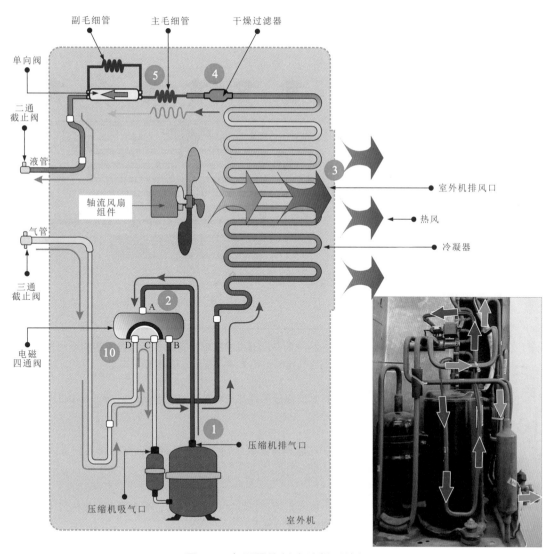

图4-1 空调器的制冷过程（续）

4.1.2 空调器制热原理

图4-2为空调器的制热过程。

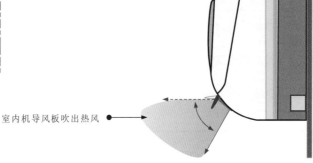

室内机导风板吹出热风

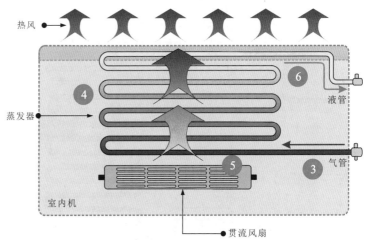

热风

蒸发器

液管

气管

室内机

贯流风扇

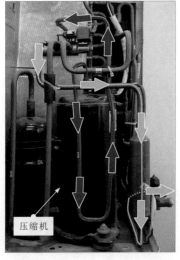

压缩机

① 制冷剂在压缩机中压缩，将原本低温低压的制冷剂气体压缩成高温高压的过热气体，由压缩机排气口排出。

② 高温高压的过热气体从电磁四通阀A口进入，从D口流入蒸发器中。

③ 高温高压的制冷剂气体经气管送入室内机后，进入蒸发器中。

④ 制冷剂液体在蒸发器中液化时，会向周围散发热量，使蒸发器周围的空气温度升高。

图4-2 空调器的制热过程

⑤ 蒸发器周围的热空气在贯流风扇的作用下由出风口吹入室内，便是感受到的热风。

⑥ 蒸发器中的制冷剂液体散热液化后，经液管重新回到室外机中。

⑦ 毛细管又细又长，起节流降压的作用，常温高压的制冷剂液体经毛细管后变为低温低压的制冷剂液体，再经干燥过滤器送入冷凝器。

⑧ 低温低压的制冷剂液体在冷凝器中从外界吸收热量，使冷凝器周围的空气冷却。

⑨ 热交换过程中产生的低温气体被轴流风扇从室外机出风口吹出机体外。

⑩ 由冷凝器送出的制冷剂重回电磁四通阀中，由B口进入，再由C口返回压缩机吸气口，开始下一个制热循环。

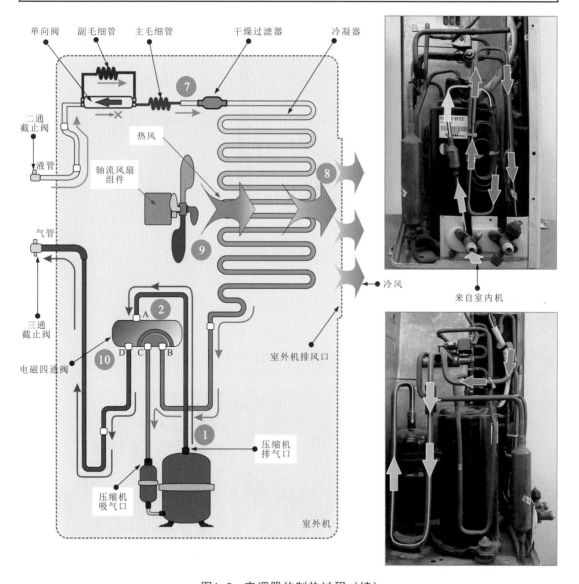

图4-2 空调器的制热过程（续）

4.2 空调器电控原理

4.2.1 定频空调器电控原理

图4-3为定频空调器各电路之间的关系示意图。

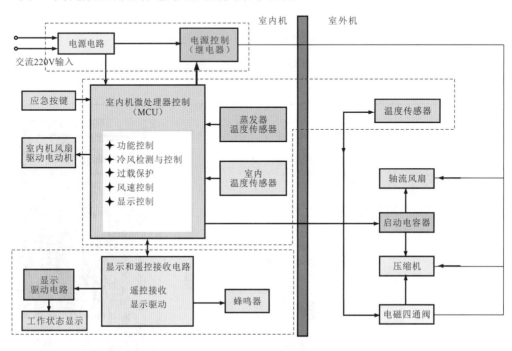

图4-3 定频空调器各电路之间的关系示意图

1 电源电路板

图4-4为定频空调器电源电路板。电源电路对交流220V电压进行处理后，由次级整流滤波电路输出各级直流电压为控制电路、遥控电路供电。

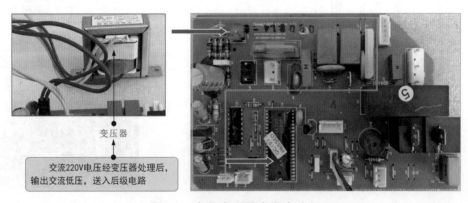

图4-4 定频空调器电源电路板

2 控制电路板

图4-5为定频空调器控制电路板及其组成部件。

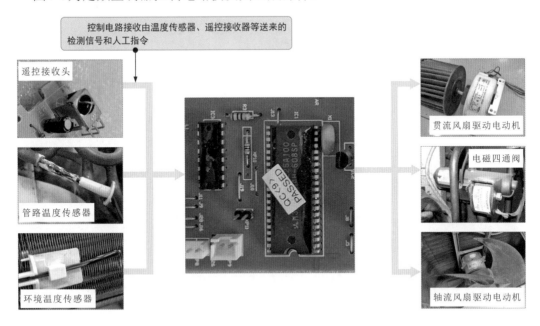

图4-5　定频空调器控制电路板及其组成部件

3 显示和遥控电路板

图4-6为定频空调器显示和遥控电路板及其组成部件。

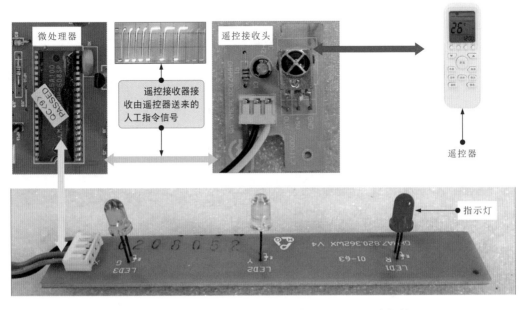

图4-6　定频空调器显示和遥控电路板及其组成部件

4.2.2 变频空调器电控原理

图4-7为变频空调器的整机控制流程。

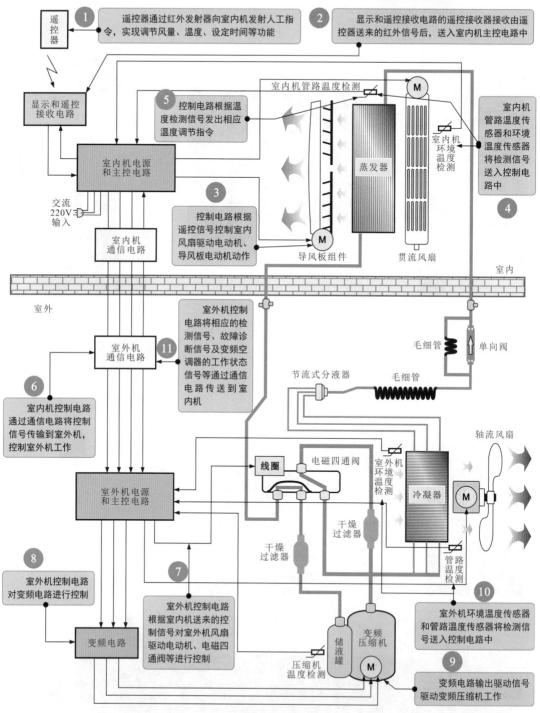

图4-7　变频空调器的整机控制流程

图4-8为变频空调器的整机电路框图。

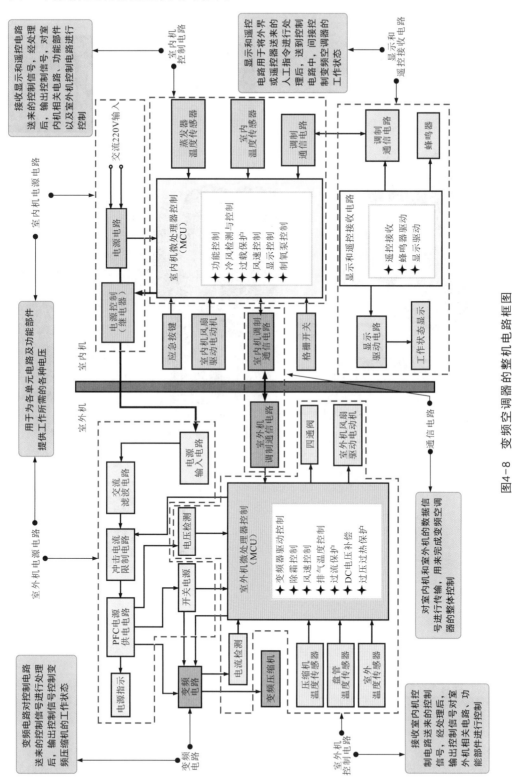

图4-8 变频空调器的整机电路框图

图4-9为变频空调器的实物电路板。

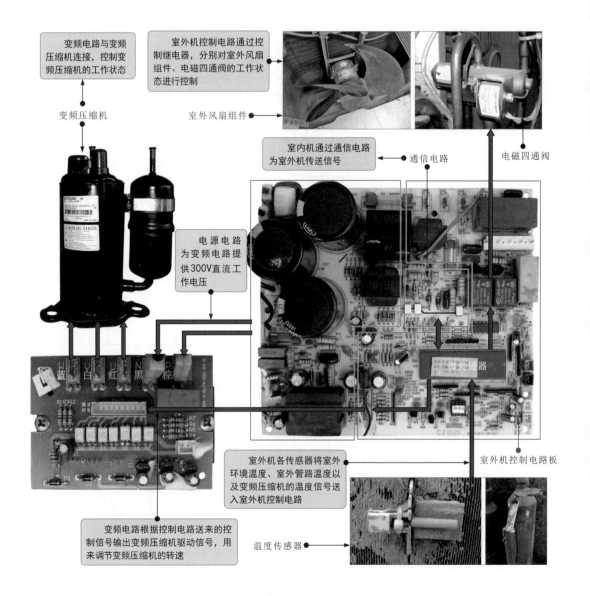

变频电路与变频压缩机连接，控制变频压缩机的工作状态

变频压缩机

室外机控制电路通过控制继电器，分别对室外风扇组件、电磁四通阀的工作状态进行控制

室外风扇组件

电磁四通阀

室内机通过通信电路为室外机传送信号

通信电路

电源电路为变频电路提供300V直流工作电压

微处理器

室外机各传感器将室外环境温度、室外管路温度以及变频压缩机的温度信号送入室外机控制电路

室外机控制电路板

变频电路根据控制电路送来的控制信号输出变频压缩机驱动信号，用来调节变频压缩机的转速

温度传感器

图4-9　变频空调器的实物电路板

　　变频空调器在工作时，由电源电路将交流220V市电电压处理后，输出各级直流电压为各单元电路及功能部件提供工作所需的各种电压。

　　用户通过遥控器将变频空调器的启动和功能控制信号发射给室内机的遥控接收电路，由遥控接收电路对信号进行处理后，再传送到室内机控制电路的微处理器中，微处理器根据内部程序分别对室内机的各部件进行控制，并通过通信电路向室外机发出控制指令。同时，室内机的微处理器接收室内温度传感器和管路温度传感器送来的温度检测信号，并根据该信号输出相应的控制信号，控制制冷或制热的温度。

　　室外机根据室内机送来的控制指令，对室外机中的变频电路、风扇组件以及电磁四通阀的工作状态进行控制，同时借助温度传感器对室外环境温度、管路温度、压缩机温度进行监测。

4.2.3 空调器电路图识读

1 结构框图识读

图4-10为空调器结构框图。

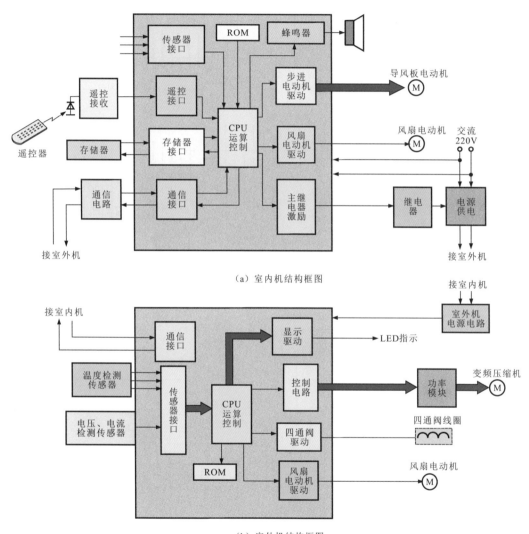

（a）室内机结构框图

（b）室外机结构框图

图4-10 空调器结构框图

空调器结构框图主要通过框图标识空调器中的主要电气部件或功能电路，各电气部件和功能电路之间通过连线或箭头表示信号流程和控制关系。

多说两句！

2 电气接线图识读

空调器电气接线图主要反映空调器各主要功能部件之间的连接关系，如图4-11所示。

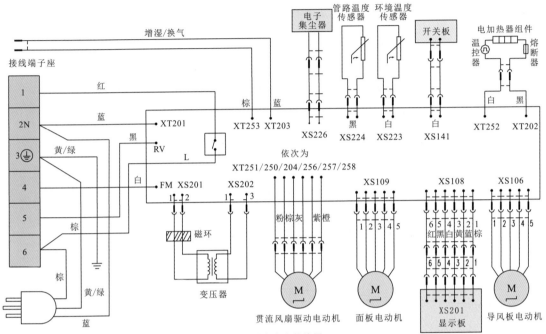

（a）室内机电气接线图

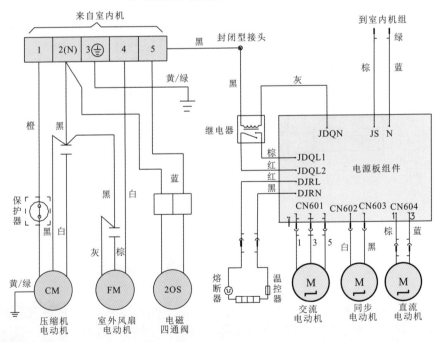

（b）室外机电气接线图

图4-11 空调器电气接线图

室内机部分，清晰地标注了电路板各接口与各功能部件之间的连接方式和线序颜色。例如，XS224为蒸发器管路温度传感器接口，XS223为室内机环境温度传感器接口，XS109连接面板电动机，XS108通过连线与XS201显示板连接。

室外机部分，接线端子座的引线颜色与所连接的压缩机电动机、室外风扇电动机、四通阀等功能部件都清晰地标注了连接方式和连接关系。

3 电路原理图识读

空调器电路原理图详细、清晰、准确地记录了空调器电路中各电子元器件的连接和控制关系。空调器调试维修人员主要通过电路原理图完成对电路工作原理的分析，并以此作为引导，根据信号流程查找故障线索。

图4-12为空调器遥控器发射电路原理图。

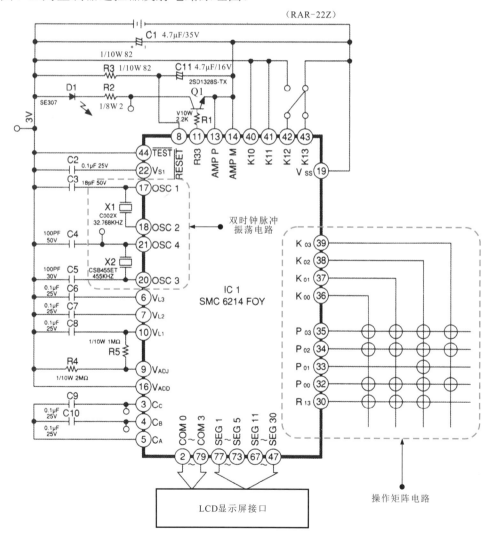

图4-12 空调器遥控器发射电路原理图

图4-13为空调器控制电路原理图。

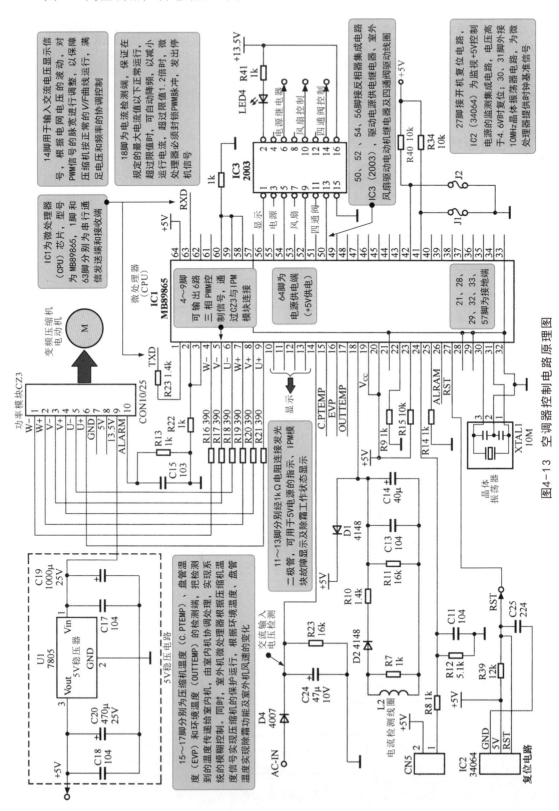

图4-13 空调器控制电路原理图

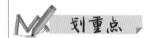

第5章

空调器管路加工与连接

5.1 空调器管路加工

5.1.1 切管操作

切管器主要用于空调器制冷管路的切割，也常称其为割刀。常见切管器根据规格的不同有大小之分。操作人员可以根据使用环境选择使用。

图5-1为切管器的实物外形。切管器主要由刮管刀、滚轮、刀片及进刀旋钮组成。

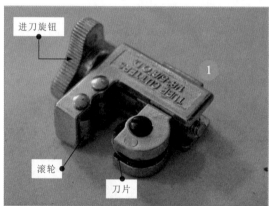

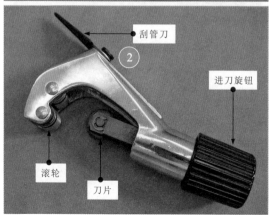

图5-1　切管器的实物外形

划重点

由于变频空调器制冷循环对管路的要求很高，杂质、灰尘和金属碎屑都会造成制冷系统堵塞，因此切割制冷铜管要使用专用的设备才可以保证铜管的切割面平整、光滑，且不会使产生的金属碎屑掉入管路中阻塞制冷系统。

❶ 在切割压缩机或空间狭小地方的管路时，可使用规格较小的切管器进行操作。

❷ 有些切管器的后侧有刮管刀，主要是对切割后铜管的管口进行操作，去除毛刺。

图5-2为切管器的操作方法。

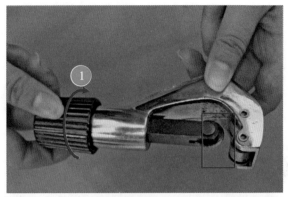

① 调节切管器的进刀旋钮，使刀片与滚轮之间的空间能容下需要切割的铜管。

② 将铜管放置在切管器的刀片与滚轮之间。刀片必须垂直并对准铜管。

③ 顺时针缓慢调节切管器的进刀旋钮，使切管器的刀片接触铜管的管壁。

④ 用手捏住铜管，将切管器绕铜管顺时针方向旋转。

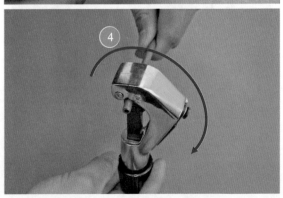

图5-2 切管器的操作方法

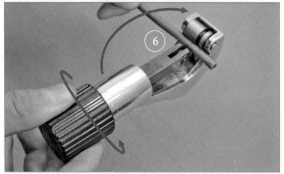

图5-2 切管器的操作方法（续）

5.1.2 扩管操作

图5-3为扩管组件的实物外形。扩管组件主要包括顶压器、顶压支头和夹板。

顶压器

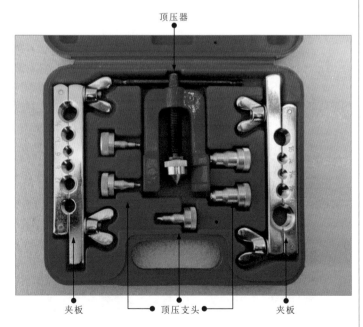

夹板　　　顶压支头　　　夹板

图5-3 扩管组件的实物外形

5 调节切管器末端的进刀旋钮，保证铜管在切管器刀片和滚轮间受力均匀。进刀时应防止过快、过深，以免崩裂刀刃或造成铜管变形。

6 边调节进刀旋钮，边将切管器绕铜管旋转，直到铜管被切割开。切割后的铜管应平整无毛刺。

当空调器的管路需要连接时，应先对需要连接的管路进行扩管操作，操作时，应使用专业的扩管组件。根据制冷管路管径的不同和连接环境的需要，扩管组件有多种规格的顶压支头和夹板。

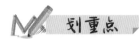

在通常情况下，为方便制冷管路的连接，可以用扩管组件将管口扩为杯形口和喇叭口。

图5-4为扩好后的杯形口和喇叭口。

扩杯形口的顶压支头

扩喇叭口的顶压支头

扩管组件包含多种规格的顶压支头，不同规格的顶压支头可适应不同的扩管需求。

扩好后的杯形口

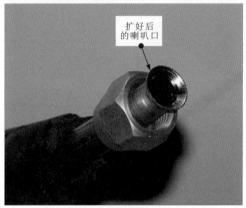

扩好后的喇叭口

图5-4　扩好后的杯形口和喇叭口

图5-5为扩管组件的操作方法。

① 选择与待扩铜管管径相同的夹板孔径及合适的杯形口顶压支头。

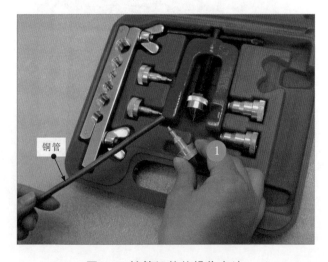

铜管

①

图5-5　扩管组件的操作方法

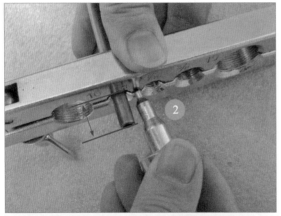

② 铜管露出夹板的长度与顶压支头的长度相等。扩管时，待扩铜管的直径不同，露出夹板的长度也不同。

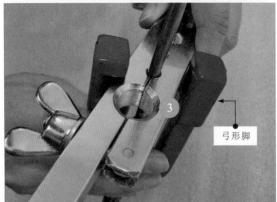

弓形脚

③ 将顶压器的弓形脚卡在夹板上夹紧。

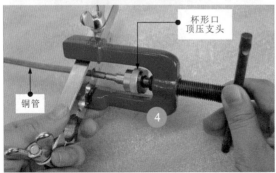

杯形口顶压支头

铜管

④ 顶压器的顶压支头垂直顶压在铜管管口上，沿顺时针方向旋转顶压器手柄。

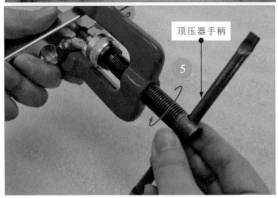

顶压器手柄

⑤ 铜管扩口完成后，逆时针转动顶压器手柄，拧松顶压器，将顶压器的顶压支头与铜管分离，取下顶压器。

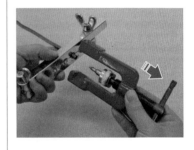

图5-5 扩管组件的操作方法（续）

⑥ 松开夹扳螺栓，取出铜管，检查扩好的管口，边缘光滑，管口应无歪斜、裂痕。

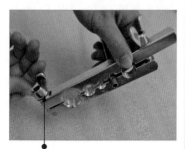

松开夹扳螺栓

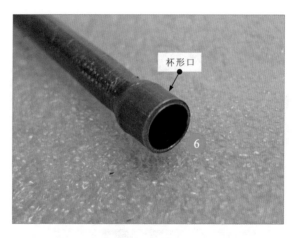

杯形口

图5-5　扩管组件的操作方法（续）

　　在进行管路的扩口操作时，除了可以扩杯形口，还可以扩用于纳子连接时所需要的喇叭口，具体操作方法与扩杯形口类似。图5-6为扩喇叭口的操作。

① 按照与扩杯形口相同的方法，将顶压器的顶压支头压住管口进行扩压操作。

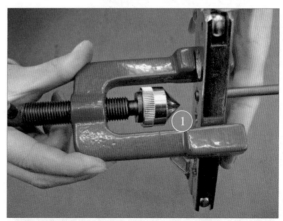

② 待管口扩成喇叭形后，将顶压器取下，即可看到扩好的管口。

喇叭口

图5-6　扩喇叭口的操作

在扩管操作时，要按要求进行操作，避免出现偏斜、开裂等现象。图5-7为扩管操作不当造成的管口开裂或歪斜的现象。

图5-7 扩管操作不当造成的管口开裂或歪斜的现象

5.1.3 弯管操作

在连接空调器管路时，常使用弯管器对铜管进行弯曲，以保证制冷系统正常的循环效果。图5-8为常用弯管器的实物外形。

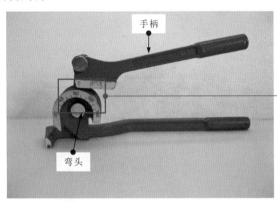

手柄

弯头

图5-8 常用弯管器的实物外形

划重点

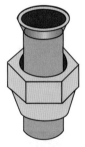

合格的管口

1 施力过大或顶压支头尺寸与管口不匹配，造成管口出现开裂的现象。

2 顶压支头偏斜，造成管口偏斜。

在弯管器的一端有刻度标识，可以为操作人员提供弯管时所需要的数据信息，保证正确的弯管角度。

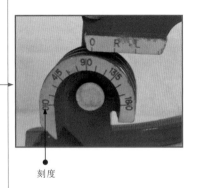

刻度

图5-9为弯管器的操作方法。

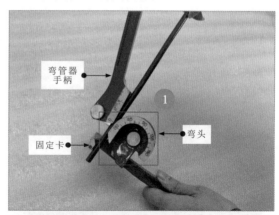

划重点

① 将铜管放入弯管器的弯头口内，根据实际弯管需要，将铜管的一端伸出弯头一小段长度，确保铜管的一端固定在弯管器弯头上部的固定卡内。若固定不牢固，则弯管器的手柄将无法施力。

② 应使铜管与弯管器贴合，根据实际要求确认需要弯曲的角度。

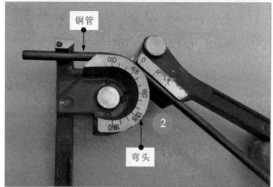

③ 用力扳动手柄，使铜管按角度弯曲。

④ 操作时，应双手同时用力向内扳动。

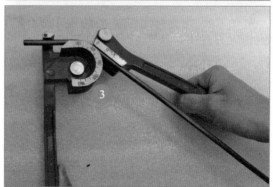

图5-9　弯管器的操作方法

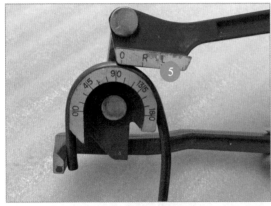

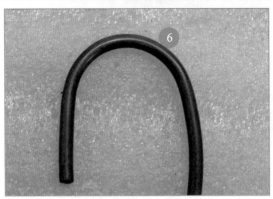

图5-9 弯管器的操作方法(续)

5.2 空调器管路连接

5.2.1 接管操作

接管是指使用连接部件将两根不同的管路或部件连接起来。空调器制冷管路的连接常使用纳子。图5-10为纳子的实物外形。

图5-10 纳子的实物外形

⑤ 弯曲到规定的角度。

⑥ 检查弯管效果。弯曲处不能出现凹瘪、裂纹或变形等情况。

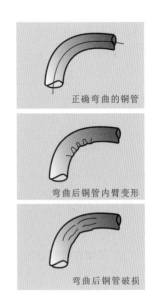

正确弯曲的铜管

弯曲后铜管内臂变形

弯曲后铜管破损

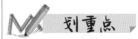

纳子也称拉紧螺母,是一种螺纹连接部件,外形与螺母相似,主要用于不可焊接管路之间的连接。

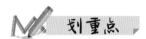

图5-11为使用纳子接管的操作方法。

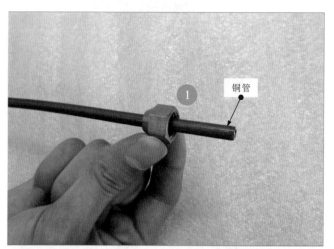

① 将纳子套入待接铜管靠近管口的部位。

铜管

② 使用扩管组件将管口扩为喇叭口后，查看喇叭口大小是否符合要求，有无裂痕。

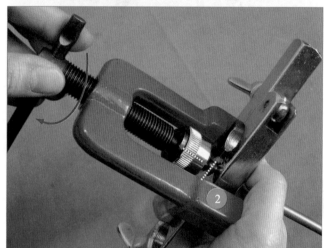

③ 取下夹板，将带有纳子的铜管与需要连接的铜管对接，使用扳手将纳子与接管螺纹配件拧紧即可。

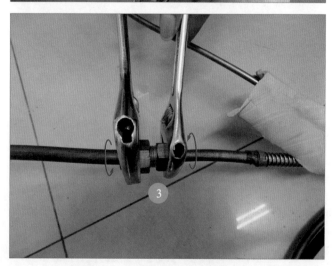

图5-11 使用纳子接管的操作方法

5.2.2 焊管操作

气焊设备是指对空调器的管路系统进行焊接操作的专用设备，主要是由氧气瓶、燃气瓶、焊枪和连接软管组成的。图5-12为氧气瓶、燃气瓶和焊枪的外形结构。氧气瓶上安装有总阀门、输出控制阀和输出压力表。燃气瓶上安装有控制阀门和输出压力表。氧气瓶和燃气瓶输出的气体在焊枪中混合，点燃后，在焊嘴处形成高温火焰，用于加热铜管。

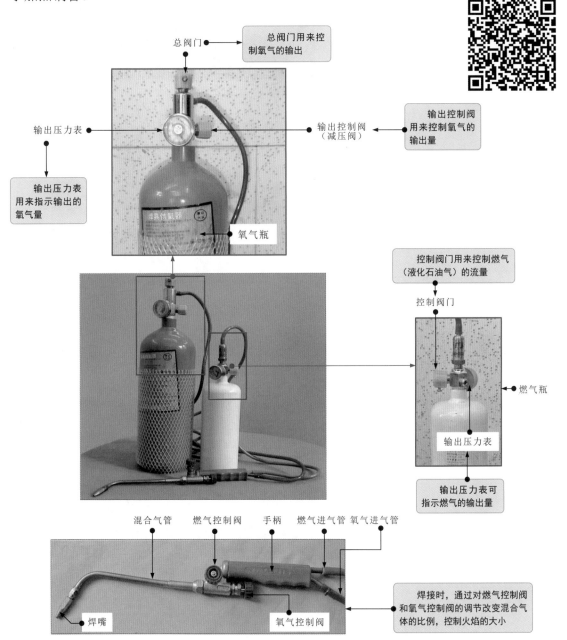

图5-12　氧气瓶、燃气瓶和焊枪的外形结构

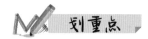

在焊接过程中，为了防止焊锡氧化，会使用焊粉辅助焊接操作。焊条有助于管路连接部位良好地焊接在一起。

使用气焊设备焊接空调器管路时，焊料是必不可少的辅助材料，主要有焊条、焊粉等。

图5-13为焊接时需要的辅助材料。

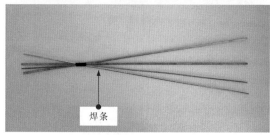

焊粉

焊条

图5-13　焊接时需要的辅助材料

图5-14为气焊设备的使用方法。

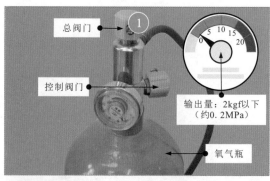

① 打开氧气瓶总阀门，通过控制阀门调节氧气输出量。

总阀门　①

控制阀门

输出量：2kgf以下（约0.2MPa）

氧气瓶

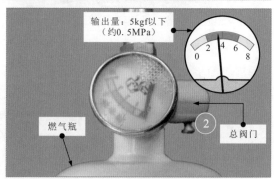

② 打开燃气瓶总阀门。

输出量：5kgf以下（约0.5MPa）

燃气瓶

总阀门　②

图5-14　气焊设备的使用方法

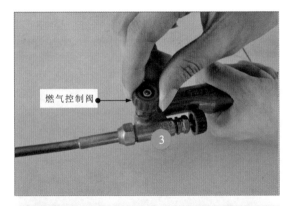

3 打开焊枪燃气控制阀。

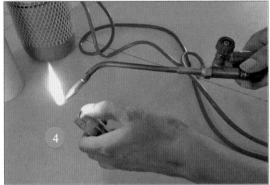

4 用打火机在焊嘴附近点火。

5 点火后，打开氧气控制阀，调节燃气控制阀。

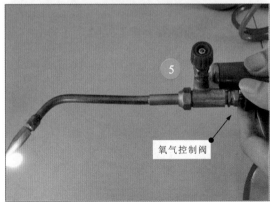

6 调节氧气控制阀，使火焰呈中性火焰，以达到理想的焊接温度。

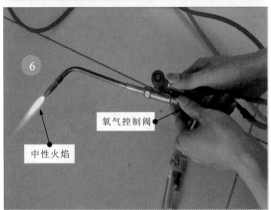

图5-14 气焊设备的使用方法（续）

划重点

① 用钢丝钳夹住铜管，用火焰均匀加热铜管，当铜管加热到一定程度，并呈暗红色时，即可进行焊接。

② 把焊条放到焊口处，待熔化且均匀地包围在两根铜管的焊接处时，即可将焊条移开。

③ 焊接完毕后，检查焊接部位是否牢固、平滑，有无明显焊接不良的问题。

④ 熄灭焊枪火焰：先关闭氧气控制阀，再关闭燃气控制阀，最后依次关闭燃气瓶和氧气瓶上的总阀门。

焊接时，若压缩机工艺管口的管壁上有锈蚀现象，则需要使用砂布对焊接部位附近1～2cm的范围打磨，直至焊接部位呈现铜本色，有助于提高焊接质量。

图5-15为使用气焊设备焊管的操作方法。

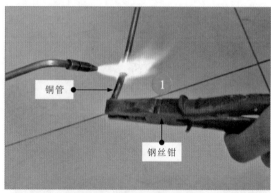

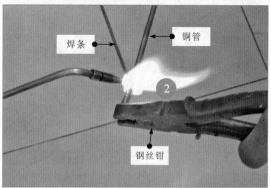

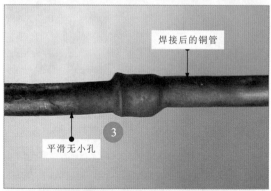

图5-15 使用气焊设备焊管的操作方法

抽真空与充注制冷剂

6.1 空调器抽真空

6.1.1 抽真空的操作指导

在检修空调器管路时，特别是在更换管路部件或切割管路后，很容易在管路中混入空气，造成管路压力上升，增加压缩机的负荷，影响制冷效果。另外，空气中的水分也可能导致压缩机线圈绝缘性能下降，缩短压缩机的使用寿命，并且在制冷时，水分容易在毛细管部分形成冰堵，引起空调器故障。因此，在检修空调器的管路完成后，充注制冷剂之前，需要对管路系统进行抽真空处理。

图6-1为空调器制冷管路抽真空设备的连接关系。

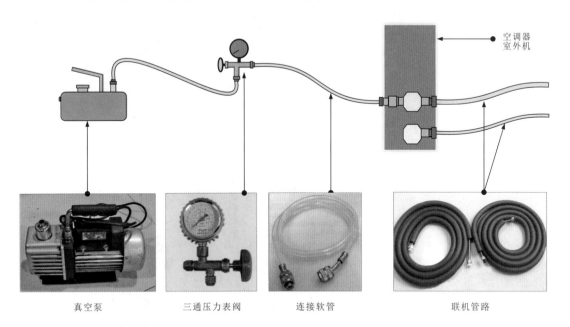

图6-1 空调器制冷管路抽真空设备的连接关系

对空调器的管路系统进行抽真空操作时，应将室内机与室外机通过联机管路连接，通过连接软管将真空泵的吸气口与三通压力表阀连接，通过另一根连接软管将三通压力表阀相对的接口与空调器室外机三通截止阀上的工艺管口连接。

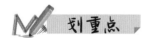

在抽真空操作中，开启真空泵电源前，应确保空调器管路系统是一个封闭的回路，二通截止阀、三通截止阀的控制阀门应打开，三通压力表阀处于三通状态。

关闭真空泵电源时，要注意先关闭三通压力表阀，再关闭真空泵电源，否则可能会导致系统进入空气。

1 连接联机管路

连接联机管路主要是指将待测空调器的室内机与室外机之间通过联机管路连接。当对空调器管路系统抽真空时，应确保联机管路连接良好。

图6-2为空调器室内机与室外机之间联机管路的连接方法。

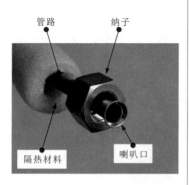

① 将联机管路的管口处套入纳子，管口扩为喇叭口后，将联机管路中的细管（液管）纳子拧在室外机二通截止阀上。

② 将联机管路中的粗管（气管）纳子拧在室外机三通截止阀上。

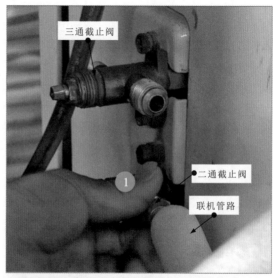

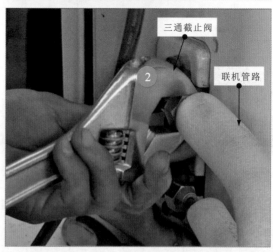

图6-2 空调器室内机与室外机之间联机管路的连接方法

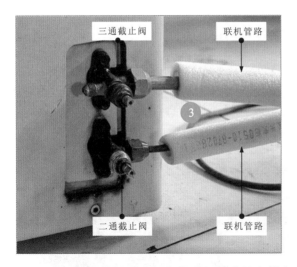

三通截止阀　　联机管路

二通截止阀　　联机管路

图6-2　空调器室内机与室外机之间联机管路的连接方法（续）

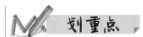

③ 通过联机管路连接后，应确保联机管路连接良好。

2 连接真空泵

图6-3为连接真空泵的方法。准备真空泵，将连接软管的一端（公制接头）与真空泵吸气口连接。

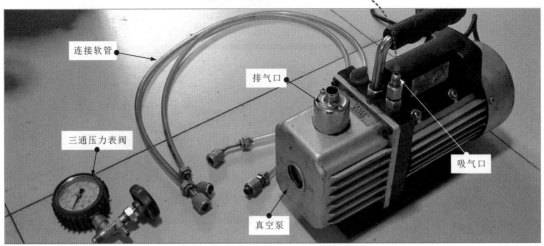

连接软管　　排气口

三通压力表阀

吸气口

真空泵

图6-3　连接真空泵的方法

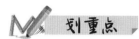划重点

3 连接三通压力表阀

连接软管的一端与真空泵吸气口连接，另一端与三通压力表阀连接，可确保实时观测抽真空过程的压力值，并对抽真空的工作状态进行控制。

图6-4为三通压力表阀的连接方法。

① 将连接软管的一端与真空泵吸气口连接好后，另一端与三通压力表表头相对的接口连接。

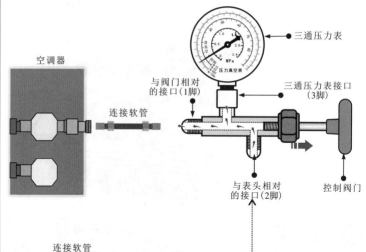

空调器

连接软管

三通压力表

与阀门相对的接口(1脚)

三通压力表接口(3脚)

控制阀门

与表头相对的接口(2脚)

连接软管

真空泵

② 用另一根连接软管的一端与三通压力表阀门相对的接口连接。

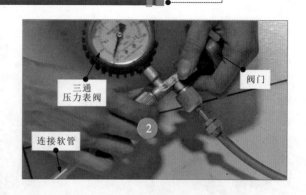

三通压力表阀

连接软管

阀门

图6-4 三通压力表阀的连接方法

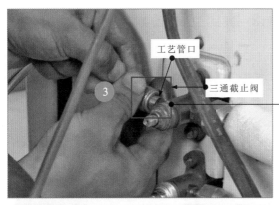

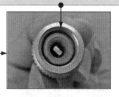

应将带有阀针的连接软管接头与三通截止阀工艺管口连接，以便能够将工艺管口内的阀芯压下，使其处于导通状态

③ 将连接软管的另一端与三通截止阀工艺管口连接。

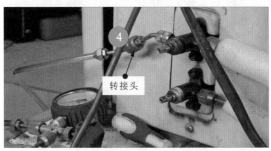

④ 真空泵、三通压力表阀、三通截止阀工艺管口连接完成。若连接软管连接头制式与三通截止阀接口不符，则可用转接头转接后再连接。

图6-4 三通压力表阀的连接方法（续）

空调器三通截止阀的工艺管口有公制和英制。当与连接软管连接时，若无法与手头的连接软管直接连接，则可用转接头（英制转公制转接头或公制转英制转接头）转接后再连接。

图6-5为通过转接头转换后的软管连接方法。

多说两句！

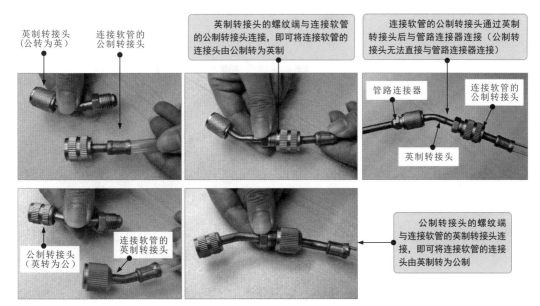

图6-5 通过转接头转换后的软管连接方法

用活络扳手将室外机上的三通截止阀打开，使其处于三通状态。

6.1.2 抽真空训练

抽真空设备连接完成后，首先根据操作规范按要求的顺序打开各设备开关或阀门，然后开始对管路系统抽真空。

1 打开三通截止阀

图6-6为打开三通截止阀的操作。

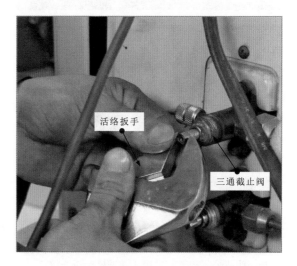

图6-6 打开三通截止阀的操作

2 打开二通截止阀

图6-7为打开二通截止阀的操作。

用活络扳手将室外机上的二通截止阀打开，使其处于二通状态。

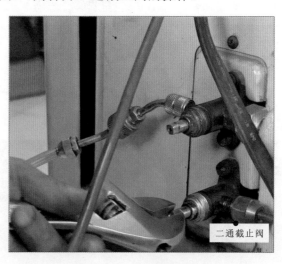

图6-7 打开二通截止阀的操作

3　打开三通压力表阀和真空泵

图6-8为打开三通压力表阀和真空泵。

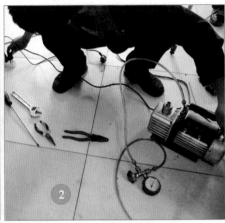

图6-8　打开三通压力表阀和真空泵

4　抽真空

图6-9为对管路进行抽真空操作。

若管路中的压力一直无法抽至-0.1MPa，则说明管路中存在漏点，应进行检漏并修复

真空泵

当真空泵抽真空运行10～20min后或当三通压力表显示数值为-0.1MPa时，便达到了真空度要求，由于冷凝器毛细管的阻碍作用还会有少许空气，此时可再抽真空3min左右

图6-9　对管路进行抽真空操作

1 打开三通压力表阀的阀门，使其处于三通状态。

2 接通真空泵电源，打开开关，开始抽真空。

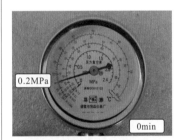

0.2MPa

0min

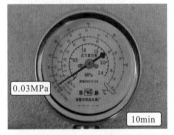

0.03MPa

10min

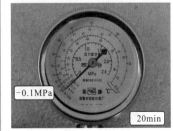

-0.1MPa

20min

5 结束抽真空操作

结束抽真空操作，应按顺序关闭三通压力表阀和真空泵。图6-10为关闭三通压力表阀和真空泵的操作。

① 将三通压力表阀关闭，确保管路系统中不会进入空气。

② 关闭真空泵的电源。

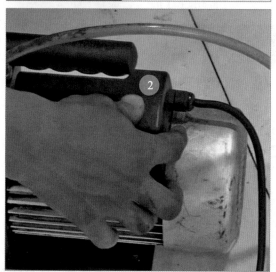

图6-10 关闭三通压力表阀和真空泵的操作

除采用真空泵抽真空的方法外，还可采用向管路系统中充入制冷剂将空气顶出去的办法。该方法可在上门检修，设备条件不充足时采用。需要注意的是，该方法会造成制冷剂的浪费，导致检修成本上升。

多说两句！

在抽真空操作过程中，若一直无法将管路中的压力抽至-0.1MPa，则表明管路中存在漏点，应进行检漏并修复。

抽真空操作结束后，可保留三通压力表与三通截止阀工艺管口的连接，观察三通压力表指针的指示状态，在正常情况下，应为-0.1MPa持续不变。

若持续一段时间后，发现三通压力表数值变大，则说明管路系统存在漏点。

6.2 空调器充注制冷剂

6.2.1 充注制冷剂的操作指导

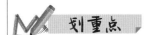

检修空调器管路之后或管路中制冷剂泄漏等都需要充注制冷剂。

充注制冷剂的量和类型一定要符合空调器的标称量，充注的量过多或过少都会对空调器的制冷效果产生影响。因此，在充注制冷剂前，应首先根据空调器铭牌标识识别制冷剂的类型和标称量，如图6-11所示。

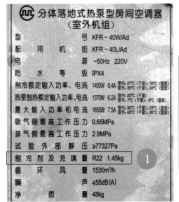

1 该空调器所采用的制冷剂类型为R22，标称量为1.45kg。

2 该空调器所采用的制冷剂类型为R410，标称量为0.92kg。

图6-11　通过空调器铭牌标识识别制冷剂的类型和标称量

充注制冷剂的设备主要是指盛放制冷剂的钢瓶及相关的辅助设备。图6-12为充注制冷剂设备的连接。

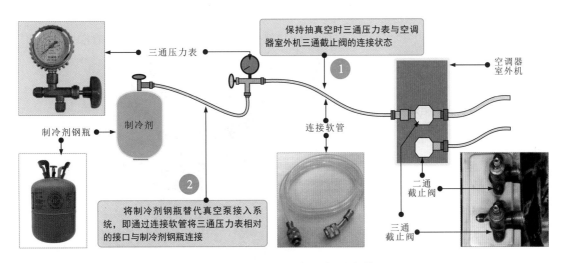

图6-12　充注制冷剂设备的连接

6.2.2 充注制冷剂训练

充注制冷剂的环境与抽真空环境相似，只需将真空泵换成制冷剂钢瓶即可，如图6-13所示。

划重点

1 在抽真空环节保持空调器三通截止阀工艺管口与三通压力表的连接。

2 将连接真空泵的连接软管与制冷剂钢瓶连接。

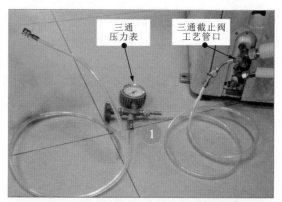

三通压力表

三通截止阀工艺管口

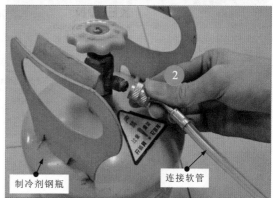

制冷剂钢瓶

连接软管

图6-13 充注制冷剂设备的连接操作

1 排除连接软管内的空气

图6-14为排除连接软管内空气的操作方法。

1 将三通压力表表头相对的接口虚拧。

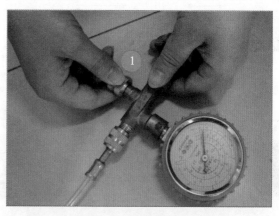

图6-14 排除连接软管内空气的操作方法

拧紧虚拧处

图6-14 排除连接软管内空气的操作方法（续）

2 打开三通压力表阀

图6-15为打开三通压力表阀准备充注制冷剂的操作方法。

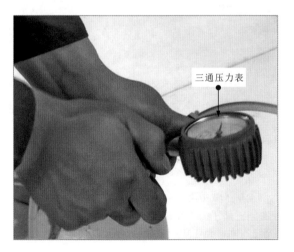

三通压力表

图6-15 打开三通压力表阀准备充注制冷剂的操作方法

2 打开制冷剂钢瓶阀门，可用制冷剂将连接软管中的空气从虚拧处吹出。

3 当虚拧处有轻微的制冷剂流出时，表明空气已经排净，可迅速拧紧。

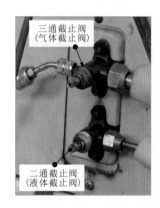

三通截止阀
（气体截止阀）

二通截止阀
（液体截止阀）

二通截止阀和三通截止阀应保持导通状态，将虚拧的连接软管拧紧，打开三通压力表阀，使其处于三通状态，即可开始充注制冷剂。

制冷剂可在夏季的制冷状态下充注，也可在冬季的制热状态下充注，两种工作模式下制冷剂的充注要点如下。

夏季制冷模式下充注制冷剂：

◆在三通压力表监测下充注，当制冷剂充注至0.4～0.5MPa时，用手触摸三通截止阀，若温度低于二通截止阀，则说明系统内制冷剂的充注量已经达到要求。

◆当制冷系统管路有裂痕导致系统内无制冷剂或更换压缩机后系统需要充注制冷剂时，在开机状态下，充注至0.35MPa时应停止，关机，等待3～5min，待压力平衡后再开机运行，根据运行压力决定是否需要再充注制冷剂。

冬季制热模式下充注制冷剂：

◆空调器制热运行时，由于系统压力较高，因此最好在三通压力表阀连接完毕后再开机，在连接三通压力表阀的过程中最好佩戴橡胶手套，以防止喷出的制冷剂将手冻伤。充注完毕后，还要取下三通压力表阀，在取下三通压力表阀之前，建议先将制热模式转换成制冷模式后，再将三通压力表阀取下。

◆在冬季充注制冷剂时，最好将模式转换为制冷模式，若条件有限，则可直接将电磁四通阀线圈的零线拔下，拔下时，确认无误后再操作。

3 开始充注制冷剂

图6-16为充注制冷剂的操作。

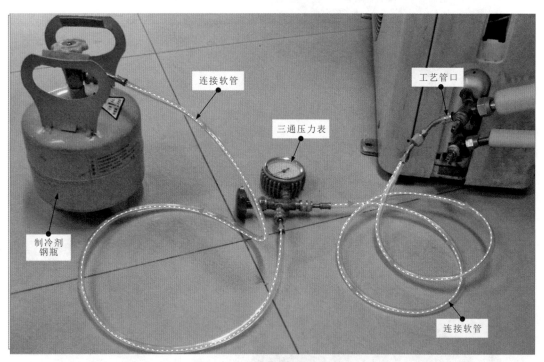

图6-16　充注制冷剂的操作

多说两句！

充注制冷剂操作一般分多次完成，即开始充注制冷剂约10s后，关闭三通压力表阀、制冷剂钢瓶，运转几分钟后，开始第二次充注，同样充注10s左右后，停止充注，运转几分钟后，再开始第三次充注。

充注制冷剂一般可分5次，充注时间一般为20min，通过观察三通压力表显示的压力，判断制冷剂充注是否完成。

根据经验，充注制冷剂时，若出现以下几种情况，则表明制冷剂充注成功。

夏季制冷模式下：

◆三通压力表显示的压力值为0.4~0.45MPa；

◆整机运行电流等于或接近额定值；

◆二通截止阀和三通截止阀都有结霜现象，用手触摸三通截止阀时感觉冰凉，并且温度低于二通截止阀的温度；

◆蒸发器表面基本都有结霜现象，用手触摸，整体温度均匀并且偏低；

◆用手触摸冷凝器时，温度为热→温→接近室外温度；

◆室内机出风口温度较低，房间内温度可以达到制冷要求，室外机排水管有水流出。

冬季制热模式下：

◆三通压力表显示的压力值为0.2MPa左右，不超过0.3MPa；

◆整机运行电流等于或接近额定值；

◆用手触摸二通截止阀时温度较高，蒸发器温度较高并且均匀，冷凝器表面有结霜现象。

4 制冷剂充注完成后按要求关闭阀门

制冷剂充注完成后，如图6-17所示，要依次关闭三通压力表阀、制冷剂钢瓶阀门，并将制冷剂钢瓶连同连接软管与三通压力表阀分离。三通压力表阀仍与空调器室外机工艺管口连接，进行保压测试。

关闭三通压力表阀

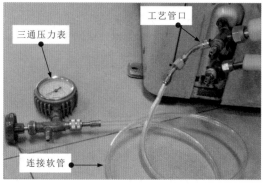

三通压力表　　工艺管口

连接软管

关闭制冷剂钢瓶阀门

连同连接软管与三通压力表阀分离

图6-17　按要求关闭阀门

根据经验，制冷剂少和制冷剂充注过量的基本表现归纳如下。

制冷模式下：

◆二通截止阀结露或结霜，三通截止阀温热，蒸发器凉热分布不均匀，即一半凉、一半温，室外机出风不热，系统压力低于0.35MPa，多表明空调器缺少制冷剂。

◆二通截止阀常温、三通截止阀较凉、室外机出风温度明显较热、室内机出风温度较高、制冷系统压力较高等多为制冷剂充注过量。

制热模式下：

◆蒸发器表面温度不均匀、冷凝器结霜不均匀、三通截止阀温度高、二通截止阀接近常温（正常时温度应较高，是重要的判断部位）、室内机出风温度较低（正常时出风口温度应高于入风口温度15℃）、系统压力运行较低（正常时，在制热模式下，运行压力为2MPa左右）等多表明空调器缺少制冷剂。

◆二通截止阀常温、三通截止阀温度明显较高（烫手）、系统压力较高、运行电流较大、室内机出风口温热、系统运行压力较高等多为制冷剂充注过量。

第7章

空调器安装与移机

7.1 空调器安装

7.1.1 空调器安装指导

图7-1为分体壁挂式空调器的安装示意图。室内机的安装位置要求：与上方天花板和左、右两侧墙壁之间要留有50mm以上的空间；室内机与室外机的高度差不应超过5m。

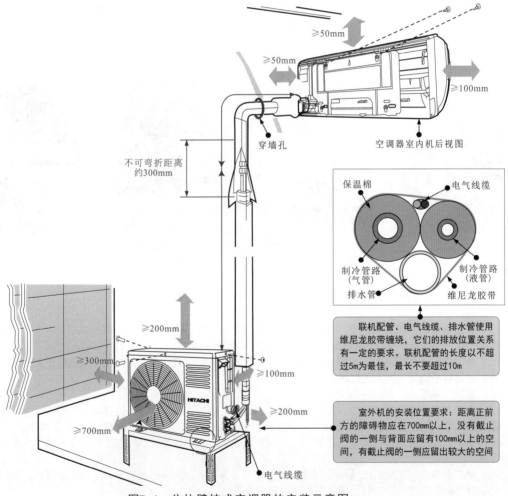

图7-1　分体壁挂式空调器的安装示意图

图7-2为分体柜式空调器的安装示意图。室内机的安装位置要求：无连接管一侧距离墙壁100mm以上；后面距离墙壁之间要留有50mm以上；连接管侧与墙壁之间要留有300mm以上的空间；室内机与室外机的高度差不应超过5m。

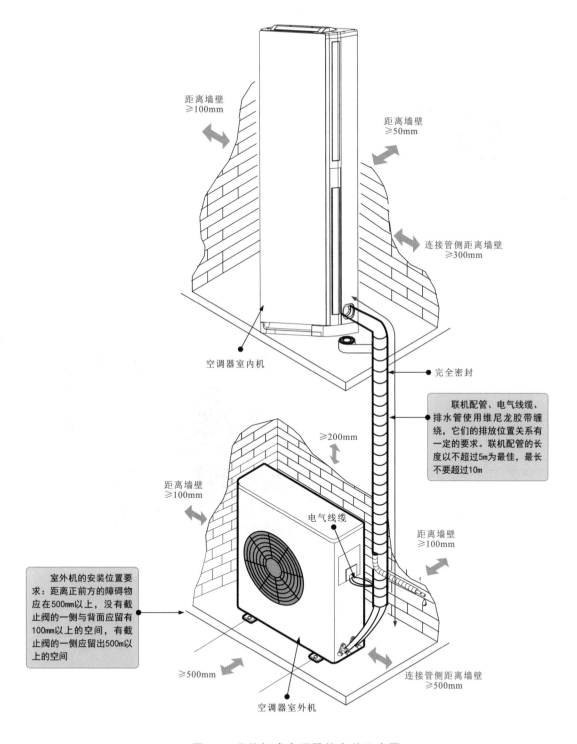

距离墙壁
≥100mm

距离墙壁
≥50mm

连接管侧距离墙壁
≥300mm

空调器室内机

完全密封

联机配管、电气线缆、排水管使用维尼龙胶带缠绕，它们的排放位置关系有一定的要求。联机配管的长度以不超过5m为最佳，最长不要超过10m

≥200mm

距离墙壁
≥100mm

电气线缆

距离墙壁
≥100mm

室外机的安装位置要求：距离正前方的障碍物应在500mm以上，没有截止阀的一侧与背面应留有100mm以上的空间，有截止阀的一侧应留出500m以上的空间

≥500mm

连接管侧距离墙壁
≥500mm

空调器室外机

图7-2 分体柜式空调器的安装示意图

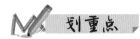

7.1.2 空调器室内机安装

图7-3为分体壁挂式空调器室内机的安装示意图。

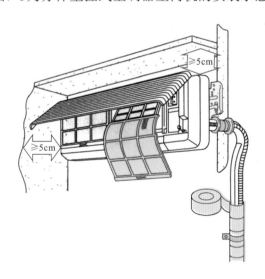

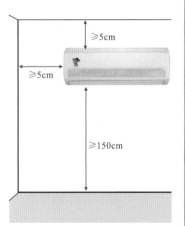

图7-3 分体壁挂式空调器室内机的安装示意图

分体壁挂式空调器室内机安装时应注意：

① 进风口和送风口处不能有障碍物，否则会影响制冷效果。

② 安装高度要高于目视距离，距地面障碍物0.6m以上。

③ 安装的位置要尽可能缩短与室外机之间的连接距离，并减少管路弯折数量，确保排水系统的畅通。

④ 确保安装墙体的牢固性，避免运行时产生振动。

1 安装挂板

根据规范要求，在室内选定好室内机的安装位置后，即可固定挂板。挂板的固定方法如图7-4所示。

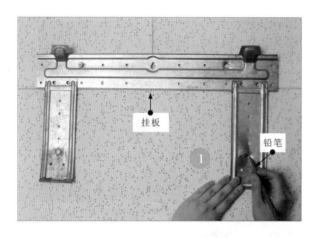

挂板

铅笔

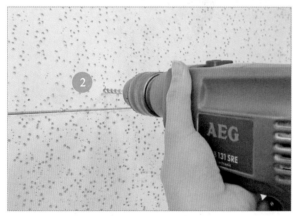

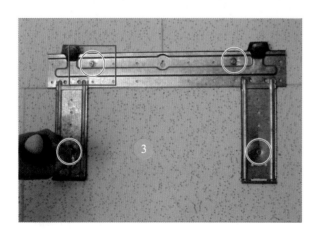

图7-4 挂板的固定方法

划重点

1 将挂板放置在安装区域内，用铅笔在需要打孔的部位进行标记。

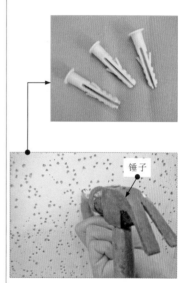

锤子

2 使用电钻在铅笔标记的位置打孔后，用锤子将膨胀管敲入钻孔内。

3 将挂板固定孔一一与安装好的膨胀管对齐，用螺钉固定即可。

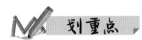
划重点

① 根据穿墙孔开凿要求，在墙面上选定穿墙孔的开凿位置。穿墙孔的位置应略低于室内机，且稍微倾斜。

② 使用电锤在选定的位置上开凿，直至成功完成穿墙孔作业。

2 开凿穿墙孔

固定好挂板后，根据事先确定的安装方案，开凿穿墙孔。图7-5为开凿穿墙孔的方法。

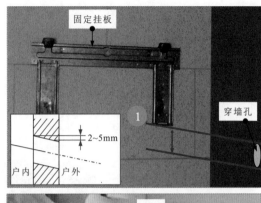

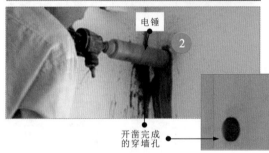

图7-5 开凿穿墙孔的方法

3 连接联机配管（制冷管路）

在固定室内机之前，需要先将室内机与联机配管连接。图7-6为空调器室内机与联机配管（制冷管路）的连接方法。

① 将室内机小心翻转，在其背部可看到由室内机蒸发器引出的制冷铜管。

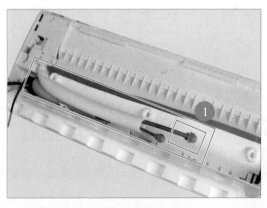

图7-6 空调器室内机与联机配管（制冷管路）的连接方法

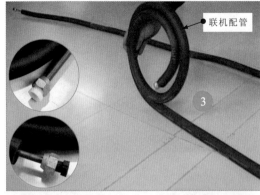

一根粗管（气管），一根细管（液管），
分别与蒸发器的粗管和细管连接

联机配管

②

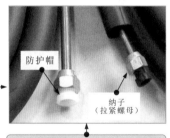

防护帽

纳子
（拉紧螺母）

制冷铜管的管口应制作为喇叭口
形状，用于与室内机上的制冷管路连
接（初始状态下安装有防护帽，未安
装前不要取下）

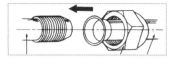

② 联机配管用于延长室内机制
冷管路，以便与室外机制冷管路
连接。

③ 将盘成一卷的连接配管捋直。

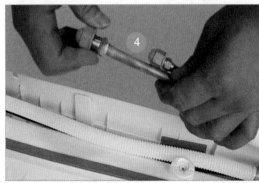

联机配管

③

④ 取下室内机制冷铜管上的防
护帽，准备开始连接。

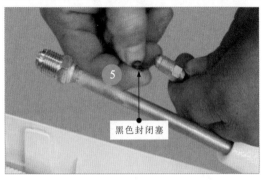

④

⑤ 取下防护帽后，可看到管口
处还有一个黑色封闭塞，可防止
灰尘或潮湿的空气进入。

⑤

黑色封闭塞

图7-6 空调器室内机与联机配管（制冷管路）的连接方法（续）

划重点

6 将室内机制冷管路细管（液管）迅速与联机配管的细管（液管）连接。

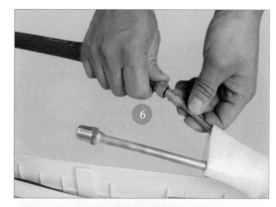

7 将室内机制冷管路的粗管（气管）与联机配管的粗管（气管）连接。

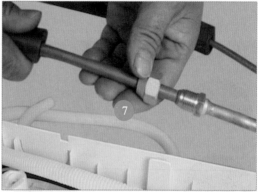

8 将联机配管上的纳子旋紧到管口螺纹上。

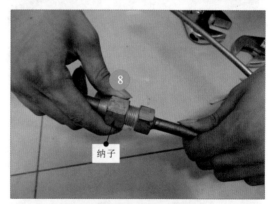

纳子

9 用活络扳手拧紧拉紧螺母，使管路紧密连接，以防止泄漏。

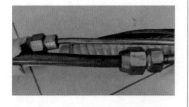

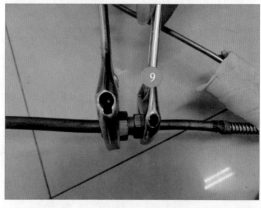

图7-6 空调器室内机与联机配管（制冷管路）的连接方法（续）

由于空调器使用的制冷剂不同，因此联机配管的喇叭口尺寸也不同。表7-1为制冷剂、联机配管喇叭口尺寸及拉紧螺母尺寸对照表。

表7-1　制冷剂、联机配管喇叭口尺寸及拉紧螺母尺寸对照表

制冷剂	管径（in）	喇叭口尺寸（mm）	拉紧螺母尺寸（mm）
R22	1/4	9.0	17
	3/8	13.0	22
	1/2	16.2	24
	5/8	19.4	27
R410a	1/4	9.1	17
	3/8	13.2	22
	1/2	16.6	27
	5/8	19.7	29

延长制冷管路时要注意：不同制冷剂循环制冷管路的压力不同，所使用的延长制冷管路的厚度和耐压压力也不同。选择时，应根据所需管路的承载压力、制冷剂及铜管的尺寸进行选择。表7-2、表7-3分别为制冷剂铜管的选择及联机配管的折弯尺寸。

表7-2　制冷剂铜管的选择

制冷剂	管径（in）	外径（mm）	壁厚（mm）	设计压力（MPa）	耐压压力（MPa）
R22	1/4	6.35（±0.04）	0.6（±0.05）	3.15	9.45
	3/8	9.52（±0.05）	0.7（±0.06）		
	1/2	12.70（±0.05）	0.8（±0.06）		
	5/8	15.88（±0.06）	10（±0.08）		
R410a	1/4	6.35（±0.04）	0.8（±0.05）	4.15	12.45
	3/8	9.52（±0.05）	0.8（±0.06）		
	1/2	12.70（±0.05）	0.8（±0.06）		
	5/8	15.88（±0.06）	10（±0.08）		

表7-3　联机配管的折弯尺寸

管径（in）	外径（mm）	弯曲半径（mm）
1/4	6.35	13
3/8	9.52	15
1/2	12.70	15

若制冷管路的延长长度超过标准长度5m，则必须追加制冷剂。制冷剂的追加量与管路长度对照见表7-4。

表7-4 制冷剂的追加量与管路长度对照

管路长度	5m	7m	15m
制冷剂追加量	不需要	40g	100g

4 延长排水管

制冷管路延长后，排水管也要加长。图7-7为排水管加长的方法。

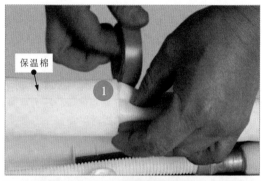

保温棉

防水胶带

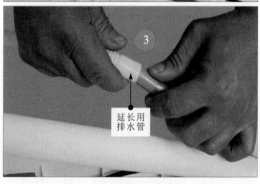

延长用
排水管

图7-7 排水管加长的方法

① 将制冷管路的连接接口处包裹一层保温棉。

② 使用防水胶带将保温棉的两端紧固。

③ 用一根排水管与壁挂式空调器室内机的排水管对接，以增加排水管的长度。

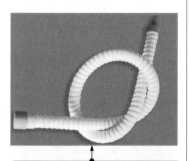

加长排水管时，需将空调器室内机自带排水管的管口插入加长的排水管，确保连接紧密。
若插入方向相反，则极易引发漏水故障

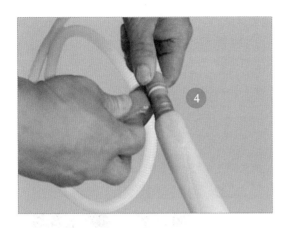

图7-7 排水管加长的方法（续）

5 包裹联机管路、线缆和排水管

图7-8为包裹联机管路、线缆和排水管路的操作方法。

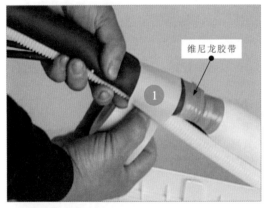

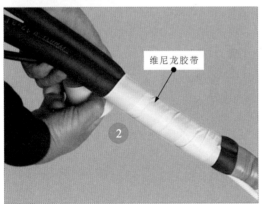

图7-8 包裹联机管路、线缆和排水管的操作方法

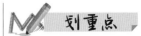

4 排水管对接后，用防水胶带缠紧接头，防止漏水。

1 使用维尼龙胶带将排水管、线缆、制冷管路（气管和液管）包裹在一起。

2 在包裹过程中，维尼龙胶带稍倾斜一些，确保每一圈要与上一圈有一定的交叠。

在包裹的末端，要将排水管、线缆分岔出来，置于维尼龙胶带的外端。

③ 将线缆与联机管路分路处理。

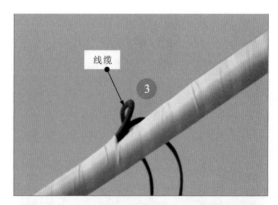

④ 由于制冷管路需要分别与室外机气体截止阀（三通截止阀）和液体截止阀（二通截止阀）连接，因此气管和液管的末端也需要分别包裹。

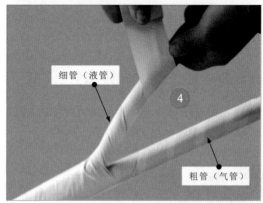

图7-8　包裹联机管路、线缆和排水管的操作方法（续）

多说两句！

制冷管路、线缆及排水管使用维尼龙胶带包裹时，应注意摆放位置，如图7-9所示。

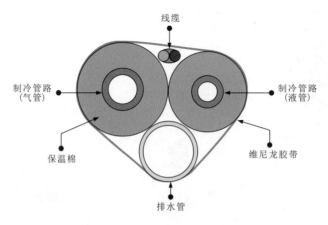

图7-9　制冷管路、线缆及排水管的摆放位置

6 引出联机管路

将连接好的联机管路从空调器室内机的配管口中引出。

图7-10为联机管路的引出操作。

划重点

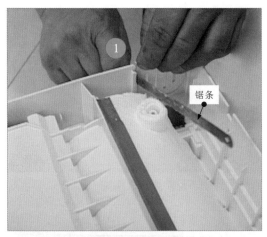

锯条

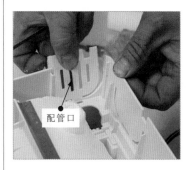

配管口

① 壁挂式空调器室内机的两端设有4个配管口（左右各一个，下部两端各一个），根据安装位置和穿墙孔的位置，选择合适的配管口，并使用锯条将挡片锯断。

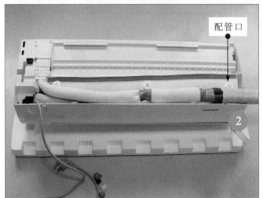

配管口

② 将包裹好的制冷管路、线缆和排水管捋直，从掰下挡片的配管口伸出。

③ 注意，在弯曲部位的弯曲度要合理，不能出现管路凹瘪情况，特别是排水管（塑料管路比较软）。

图7-10 联机管路的引出操作

7 固定室内机

所有的准备工作就绪后，就要固定室内机了，如图7-11所示。

1 将包裹好的制冷管路、线缆及排水管穿过穿墙孔，伸出墙外。

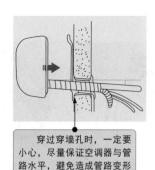

> 穿过穿墙孔时，一定要小心，尽量保证空调器与管路水平，避免造成管路变形或泄漏

2 调整室内机的高度，并将其挂在挂板上。

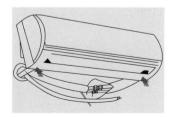

3 用手抓住室内机的前端，将室内机压向挂板，直到听到"咔嚓"声为止。

4 用密封胶泥将穿墙孔与管路之间的缝隙封严。

5 至此，分体壁挂式空调器的室内机部分就安装完毕了。可在穿墙孔处安装管路装饰挡板，以起到更好的密封和美观作用。

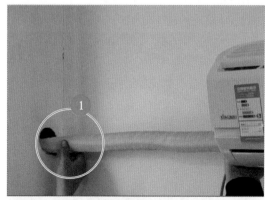

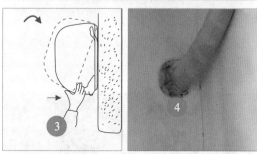

图7-11　室内机的固定方法

7.1.3 空调器室外机安装

空调器室外机的安装位置直接决定换热的效果。为避免由于室外机安装位置不当造成的不良后果，对室外机的安装位置也有一定的要求。

图7-12为壁挂式空调器室外机的安装位置规范。

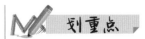

1 空调器室外机有截止阀的一侧应留出较大的维修空间。

2 室外机正前方距离障碍物应在70cm以上。

3 室外机背部距墙体应在70cm以上。

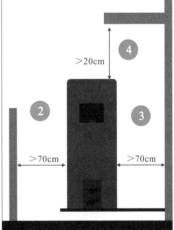

4 室外机上方距障碍物应在20cm以上。

图7-12　壁挂式空调器室外机的安装位置规范

安装室外机时应注意：

① 周围要留有一定的空间，以利于排风、散热、安装和维修。如果有条件，应在确保与室内机保持最短距离的同时，尽可能避免阳光的照射、风吹、雨淋（可选择背阴处并加盖遮挡物）。

② 安装的高度最好不要接近地面（与地面保持1m以上的距离为宜）。排出的风、冷凝水及发出的噪声不应影响邻居的生活起居。

③ 安装位置应不影响他人，如排出的风和排出的冷凝水不要给他人带来不便，接近地面安装时，需要增加必要的防护罩，确保设备和人身安全。

④ 若安装在墙面上，则墙面必须是实心砖、混凝土或强度等效的墙面，承重大于300kg/mm^2。

⑤ 在高层建筑物墙面安装施工时，操作人员应注意人身安全，需要正确佩戴安全带和护带，并确保安全带的金属自锁钩一端固定在坚固可靠的固定端。

1 固定室外机

固定室外机前，首先要根据建筑物的实际情况，选择最佳的室外机固定方式。图7-13为室外机常见的两种固定方式。

❶ 通过地脚螺栓固定在平台上。

平台固定

❷ 可直接固定在平台上，也可加装底座固定。

图7-13 室外机常见的两种固定方式

图7-13 室外机常见的两种固定方式（续）

图7-14为室外机在混凝土平台上的固定方法。

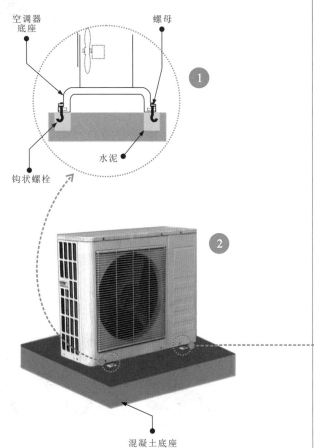

图7-14 室外机在混凝土平台上的固定方法

③ 室外机固定脚与角钢支撑架固定，通过支撑架、螺栓固定在建筑物墙壁上。

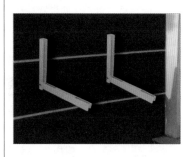

划重点

① 根据室外机固定脚的位置，在混凝土底座上的固定孔处放入钩状螺栓，使用水泥浇注，将钩状螺栓固定在底座上。

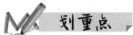

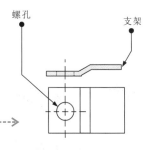

② 将室外机的固定脚对准螺栓孔放置在混凝土底座上，使用扳手拧紧螺母。

固定室外机时，应根据要求选择固定件，如用于在混凝土底座上安装固定的膨胀螺栓（一种特殊的螺纹连接件，由沉头螺栓、胀管、垫圈、螺母等组成），并根据安装面材质的坚硬程度确定安装孔的直径和深度，选择适用的膨胀螺栓规格。

固定室外机时，如果安装在接近地面且较容易碰触到的位置，则应将室外机固定好后，还需要安装防护栏，如图7-15所示，加强设备防护，可有效避免因人员靠近造成意外伤害。

图7-15　安装防护栏

划重点

① 根据空调器制冷管路的循环关系，将联机配管的细管（液管）与空调器室外机的二通截止阀连接，并用扳手拧紧。

连接管路时，应先将室内机送出的联机配管的管口用瓶装氮气清洁。

2　连接室内机与室外机的管路

空调器的室外机固定完成之后，应将室内机送出的联机管路与空调器室外机上的管路接口（三通截止阀和二通截止阀）连接。图7-16为空调器室内机与室外机之间的管路连接方法。

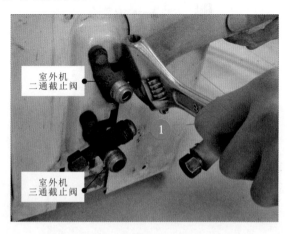

图7-16　空调器室内机与室外机之间的管路连接方法

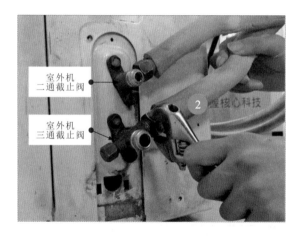

室外机
二通截止阀

室外机
三通截止阀

图7-16 空调器室内机与室外机之间的管路连接方法（续）

室内机与室外机管路连接完成后，整理联机配管，使其弯曲部分平滑过渡。另外，室内机与室外机的高、低位置不同，联机配管的弯曲程度也不一致，如图7-17所示。

② 将联机配管的粗管（气管）与空调器室外机的三通截止阀连接，并用扳手拧紧。两根管路全部拧紧后，空调器室内机与室外机管路之间的连接完成。

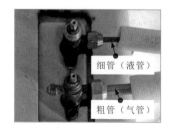

细管（液管）

粗管（气管）

多说两句！

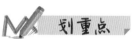

划重点

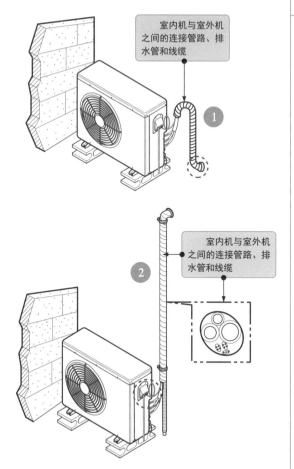

室内机与室外机之间的连接管路、排水管和线缆

① 空调器室内机相对室外机位置较低的情况。

室内机与室外机之间的连接管路、排水管和线缆

② 空调器室内机相对室外机位置较高的情况。

图7-17 联机配管的弯曲方式

3 连接室内机与室外机的电气线缆

空调器室外机管路部分连接完成后，就需要对其电气线缆进行连接了。图7-18为空调器室内机与室外机之间电气线缆的连接示意图。

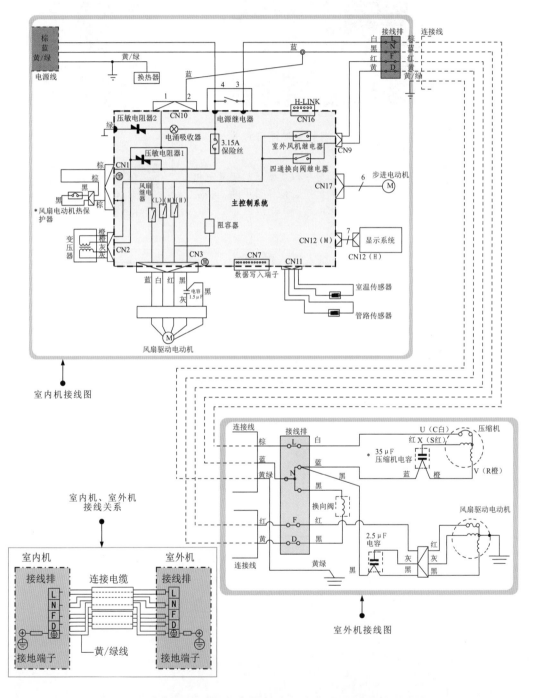

图7-18　空调器室内机与室外机之间电气线缆的连接示意图

图7-19为空调器室内机与室外机之间电气线缆的连接方法。

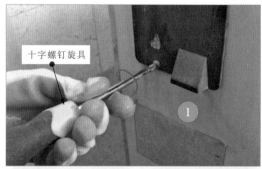

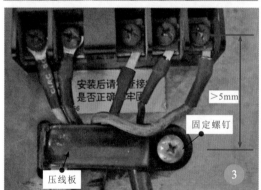

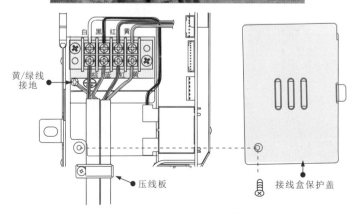

图7-19 空调器室内机与室外机之间电气线缆的连接方法

① 使用十字螺钉旋具将室外机接线盒保护盖上的固定螺钉拧下后，将接线盒保护盖取下。

② 按照接线标识，将相应颜色的线缆连接到接线盒的相应端子上，拧紧固定螺钉。

③ 线缆接好后，使用压线板将线缆压紧，并使用固定螺钉固定好压线板。使用压线板固定线缆可有效增强线缆的承受强度，防止拖拉线缆时，造成线缆与接线盒脱落。

最后，将接线盒保护盖重新盖好，拧好固定螺钉，完成电气线缆的连接。

室内机、室外机接线完成后，一定要仔细检查室内机、室外机接线板上的编号和颜色是否正确，编号与颜色相同的端子一定要用同一根线缆连接。如果接线错误，将使空调器不能正常运行，甚至损坏空调器。

另外，室内机和室外机的连接线缆要有一定余量，且室内机和室外机的地线端子一定要可靠接地。

4 通电试机

室内机和室外机安装连接完成后，即可进行试机操作。一般试机操作包括室内机管路的排气、检漏和排水试验、通电试机3个步骤。目前，室内机管路的排气多采用制冷剂顶出的方法，如图7-20所示。

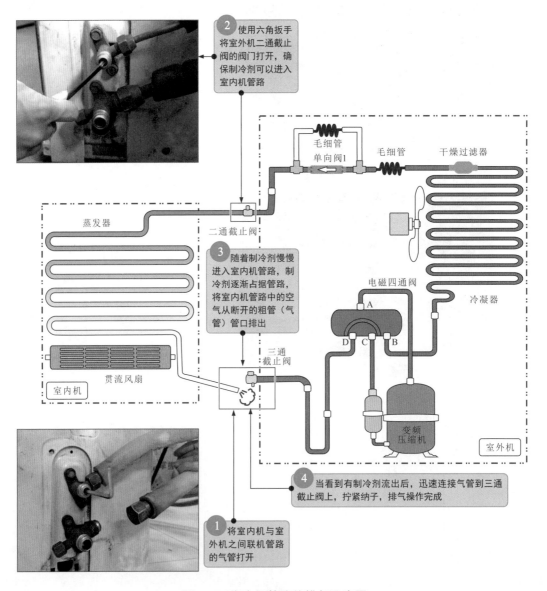

2 使用六角扳手将室外机二通截止阀的阀门打开，确保制冷剂可以进入室内机管路

毛细管单向阀1　　毛细管　　干燥过滤器

蒸发器

二通截止阀

3 随着制冷剂慢慢进入室内机管路，制冷剂逐渐占据管路，将室内机管路中的空气从断开的粗管（气管）管口排出

电磁四通阀

A

D C B

冷凝器

三通截止阀

贯流风扇

室内机

变频压缩机

室外机

4 当看到有制冷剂流出后，迅速连接气管到三通截止阀上，拧紧纳子，排气操作完成

1 将室内机与室外机之间联机管路的气管打开

图7-20 室内机管路的排气示意图

排出室内机管路中的空气非常重要，因为连接管路和蒸发器内留存大量的空气，空气中含有水分和杂质。这些水分和杂质留在管路中会造成压力增高、电流增大、噪声增大、耗电量增多等，使制冷（热）量下降，同时还可能造成冰堵和脏堵等故障。

图7-21为空调器室内机管路排气的操作方法。

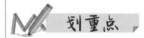

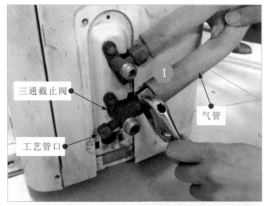

1 将室内机与室外机之间联机配管的气管（粗管）与室外机三通截止阀分开或拧松。分离气管与三通截止阀时，应确认三通截止阀阀门、工艺管口均处于关闭状态。

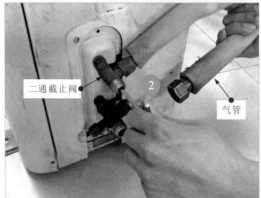

2 使用六角扳手将二通截止阀阀门打开。

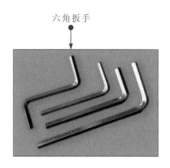

六角扳手

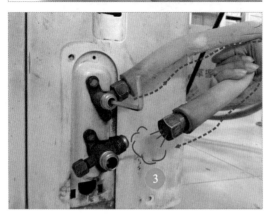

3 随着制冷剂进入室内机管路，可听到联机配管的粗管（气管）管口处有"吱吱"声，表明制冷剂已将室内机管路中的空气顶出。

图7-21 空调器室内机管路排气的操作方法

④ 保持"吱吱"声的排气时间30s左右（用手感觉一下有冷气排出），迅速将粗管上的纳子与三通截止阀拧紧，拧好三通截止阀和二通截止阀上的阀帽。至此，排气操作完成。

图7-21　空调器室内机管路排气的操作方法（续）

这里所说的排气时间30s只是一个参考值，实际操作时还要用手去感觉喷出的气体是否变凉来控制排气时间。控制好排气时间对空调器的使用来说非常重要，因为排气时间过长，制冷系统内的制冷剂就会过量流失，影响空调器的制冷效果；排气时间过短，室内机管路中的空气没有排净，也会影响空调器的制冷效果。

室内机管路中的空气也可从三通截止阀的工艺管口处排出，如图7-22所示。

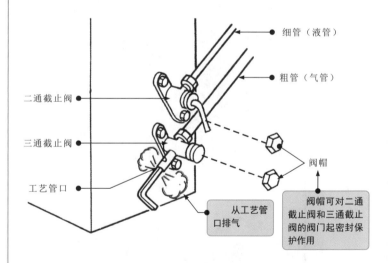

图7-22　从三通截止阀的工艺管口排气示意图

空气排净后，应立即取下三通截止阀工艺管口上的扳手，使其内部阀针复位顶紧，再用六角扳手把液体截止阀和气体截止阀全部打开，管路开通，并拧上外端阀帽。

在空调器的安装过程中，检漏和排水试验是确保管路连接完好、安装正确的关键环节。

在检漏操作中，比较简便的方法是用肥皂水检漏。调制肥皂水，将其涂抹在可能发生漏气的部位，观察有无气泡出现。图7-23为空调器管路的检漏方法。

① 调制肥皂水或将洗洁精与水混合。

② 将肥皂水分别涂抹在室内机、室外机的管路接口及二通截止阀和三通截止阀的阀芯处，观察一会儿，如有气泡出现，说明漏气，应重新连接管路或旋紧截止阀。

图7-23 空调器管路的检漏方法

检漏时一定要耐心、仔细，在确认没有漏点后，用毛巾擦干，完成检漏操作。

空调器在正常工作时，冷凝器因气、液变化会在管路中产生冷凝水。这些冷凝水需要排出。若排水不当，也将导致空调器工作异常。

空调器冷凝水排出是否顺利与排水管的引出方法有直接关系，当排水不良时，需要检查排水管的引出情况。图7-24为排水管的正确与不良的引出方式。

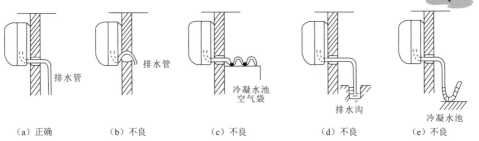

（a）正确　（b）不良　（c）不良　（d）不良　（e）不良

图7-24 排水管的正确与不良的引出方式

图7-25为空调器排水测试的操作示意。

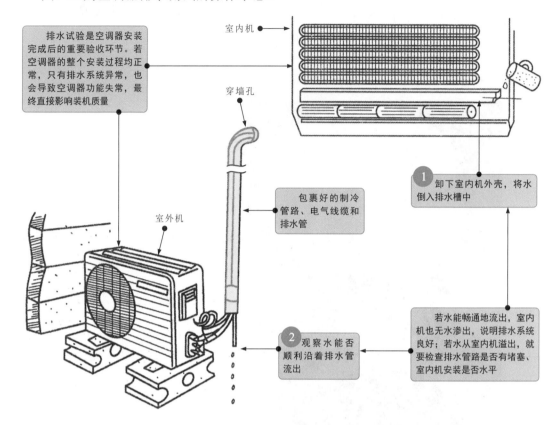

排水试验是空调器安装完成后的重要验收环节。若空调器的整个安装过程均正常，只有排水系统异常，也会导致空调器功能失常，最终直接影响装机质量

室内机

穿墙孔

包裹好的制冷管路、电气线缆和排水管

① 卸下室内机外壳，将水倒入排水槽中

室外机

② 观察水能否顺利沿着排水管流出

若水能畅通地流出，室内机也无水渗出，说明排水系统良好；若水从室内机溢出，就要检查排水管路是否有堵塞、室内机安装是否水平

图7-25　空调器排水测试的操作示意

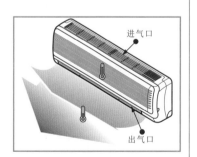

进气口

出气口

① 接通空调器电源，通过操作遥控器设定空调器不同的模式，检查运行中有无异常。

确认管路无泄漏、排水系统良好后，就可以通电试机了。图7-26为空调器通电试机的操作流程。

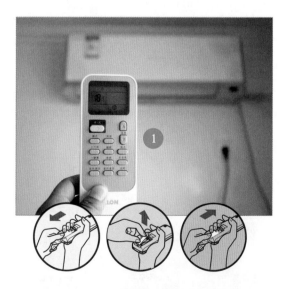

①

图7-26　空调器通电试机的操作流程

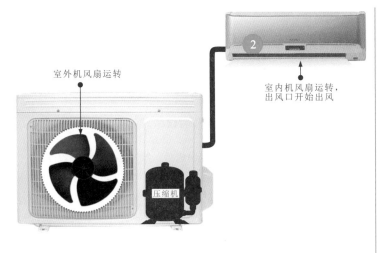

室外机风扇运转

室内机风扇运转，
出风口开始出风

压缩机

图7-26 空调器通电试机的操作流程（续）

② 开机1～2min后，应有冷（暖）风吹出；开机10min后，室内应明显有凉（暖）的感觉。

开机15min后，检测室内机进、出气口处空气的温差。对于制冷方式，温差应大于8℃；对于制热方式，温差应大于14℃。

停机3min后，再次启动空调器，检查空调器的启动性能。

在正常情况下，室内机产生的噪声应该很小，室外机不应有异常噪声。

7.2 空调器移机

7.2.1 空调器移机指导

按照正常的操作顺序，空调器的移机技能分为4个方面的内容，即回收制冷剂、拆机、移机、重新安装。

图7-27为空调器移机的基本流程。

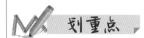
划重点

图7-27 空调器移机的基本流程

① 移机之前，先要将制冷剂回收到室外机的压缩机中。

② 拆机操作就是将室内机和室外机分离后，分别拆卸下来。

③ 移机就是将拆卸分离的室内机和室外机妥善移到新的安装地点。

④ 重新安装就是将室内机和室外机安装在新环境，并进行试机。

空调器的移机操作规程及注意事项主要包括几点：

① 在移机之前，需要确保空调器工作正常，没有任何故障，避免移机后带来麻烦。

② 在移机过程中，不要损坏室内机和室外机，尤其是制冷管路和连接线缆。

③ 移机完成后，一定要进行检漏操作，避免重新安装的空调器发生故障。

④ 在回收制冷剂时，关闭低压气体阀的动作要迅速，阀门不可停留在半开半闭状态，否则会有空气进入制冷系统。

⑤ 应注意截止阀是否漏气。在回收制冷剂时，若看到低压液体管结露，则说明截止阀有漏气故障，此时应停止回收制冷剂，及时采取补漏措施。

⑥ 重新安装后，需要开机试运行，检测空调器的运行压力、绝缘阻值、制冷温差和制热温差等，保证重新安装后的空调器能够正常使用。

7.2.2 回收制冷剂

图7-28为回收制冷剂的操作过程示意图。一般5m的制冷管路，48s即可收净，收制冷剂时间过长，压缩机负荷增大，用耳听声音会变得沉闷，空气容易从低压气体截止阀连接处进入。另外要注意的是，某些变频空调器截止阀质量较差，只有当阀门完全打开或完全关闭时才不会漏气。回收制冷剂时，关闭低压气体截止阀动作要迅速，阀门不可停留在半开半闭状态，否则会有空气进入制冷系统。

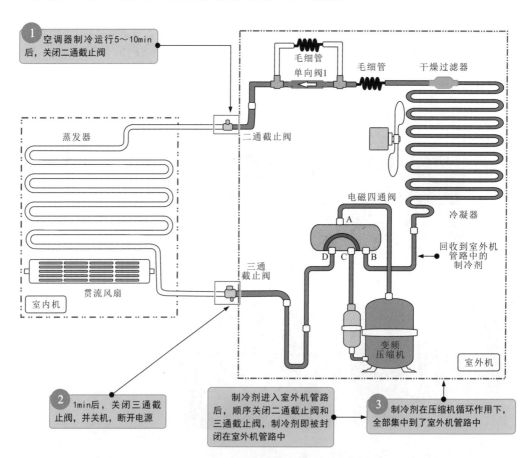

图7-28　回收制冷剂的操作过程示意图

图7-29为回收制冷剂的操作演练。

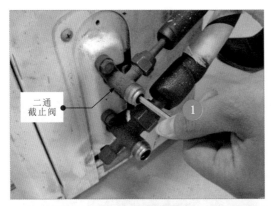

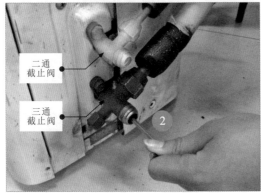

图7-29　回收制冷剂的操作演练

回收制冷剂的时间由维修人员根据经验确定，也可借助复合修理阀来准确判断制冷剂的回收情况，如图7-30所示。

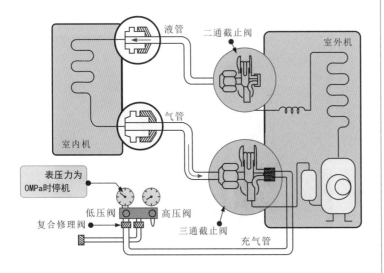

图7-30　借助复合修理阀来准确判断制冷剂的回收情况

划重点

1 将空调器设置成制冷状态，运行5~10min后，关闭二通截止阀。

2 1min后，二通截止阀表面结霜，关闭三通截止阀，关机，断开电源，完成制冷剂的回收。

多说两句！

卸下三通截止阀和二通截止阀的阀帽，确认阀门处于开放位置，启动空调器10~15min后，使空调器停转，等待3min，将复合修理阀接至三通截止阀的工艺管口，打开复合修理阀的低压阀，将充气管中的空气排出。将二通截止阀调至关闭的位置，使空调器在冷气循环方式下运转，当表压力为0MPa时，使空调器停止运转，迅速将三通截止阀调至关闭位置（将阀杆沿顺时针方向旋转到底），安装好二通截止阀和三通截止阀的阀帽和工艺管口帽后，制冷剂回收完成。

7.2.3 拆装空调器

制冷剂回收完成，确认二通截止阀和三通截止阀关闭密封良好后，便可将空调器拆卸分离。图7-31为空调器拆卸分离的操作演练。

划重点

1 打开室外机接线盒的保护盖，找到接线盒。拆卸时，务必确认室内机电源已经断开。

2 用螺钉旋具将接线盒接线端子上的线缆一一取下。

3 使用扳手将联机配管与二通截止阀分离，并使用胶布将二通截止阀的管口封闭。

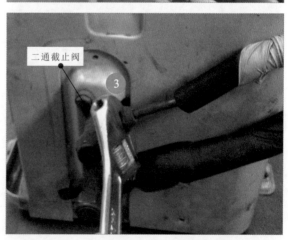

图7-31　空调器拆卸分离的操作演练

联机配管接口 ④

联机配管管口 ⑤

图7-31 空调器拆卸分离操作演练（续）

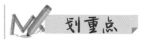

④ 使用胶布将联机配管的管口封闭。

⑤ 同样方法，拆卸三通截止阀连接管路，并对三通截止阀接口和联机配管接口进行封闭处理。

空调器移机时，若所有操作都严格按照规范要求执行，且回装完成后开机运行制冷良好，则不需额外添加制冷剂。如果出现制冷剂细微泄漏，或在移机过程中由于排气动作迟缓或操作不当，制冷剂出现微量减少，或由于移机后管路延长等因素，都将导致制冷剂不足，如运行压力低于4.9kg/mm^2、管路结霜、电流减小、室内机出风温差不符合要求等，就必须补充制冷剂。

第8章

空调器故障检修

8.1 空调器故障检测方法

8.1.1 充氮检漏

充氮检漏是指向空调器的管路系统充入氮气，达到一定的压力后，检测管路有无泄漏，保证空调器管路系统的密封性。图8-1为空调器管路充氮检漏设备的连接关系示意图。

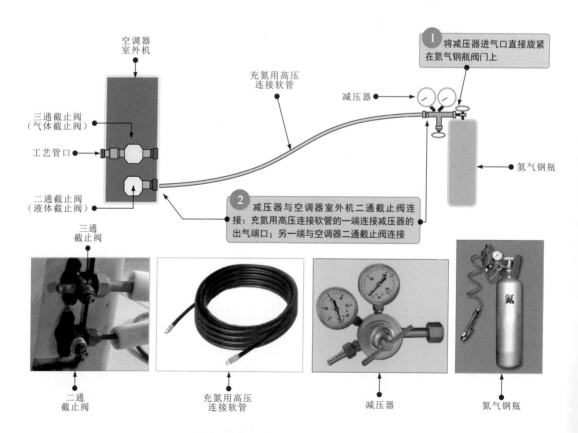

图8-1 空调器管路充氮检漏设备的连接关系示意图

1 连接减压器与氮气钢瓶

图8-2为减压器与氮气钢瓶的连接操作演练。

减压器

将减压器进气口直接旋紧在氮气钢瓶的阀口上

图8-2 减压器与氮气钢瓶的连接操作演练

由于氮气钢瓶中的氮气压力较大，因此在使用时，必须在氮气钢瓶阀门处连接减压器，并根据需要调节不同的出气压力，使充氮压力符合操作要求。

多说两句！

2 连接减压器与空调器室外机二通截止阀

充氮设备与待测空调器的连接主要是通过充氮用高压连接软管连接的。图8-3为减压器与空调器室外机二通截止阀的连接操作演练。

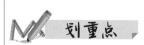

划重点

充氮用高压连接软管的一端连接减压器出气口

氮气钢瓶

① 用充氮用高压连接软管的一端连接减压器出气口。

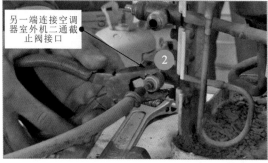

另一端连接空调器室外机二通截止阀接口

② 另一端连接空调器室外机二通截止阀接口。

图8-3 减压器与空调器室外机二通截止阀的连接操作演练

3 连接完成的效果。

图8-3 减压器与空调器室外机二通截止阀的连接操作演练（续）

　　二通截止阀又叫液体截止阀或低压截止阀，由于制冷剂在通过二通截止阀时呈液体状态，压强较低，所以二通截止阀的管路较细。图8-4为空调器室外机二通截止阀的结构组成。

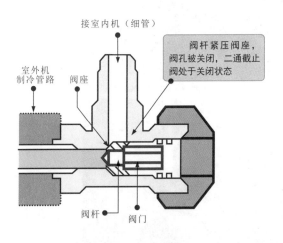

图8-4 空调器室外机二通截止阀的结构组成

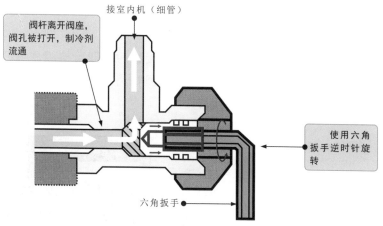

阀杆离开阀座，阀孔被打开，制冷剂流通

接室内机（细管）

使用六角扳手逆时针旋转

六角扳手

图8-4 空调器室外机二通截止阀的结构组成（续）

图8-5为空调器室外机三通截止阀的结构组成。

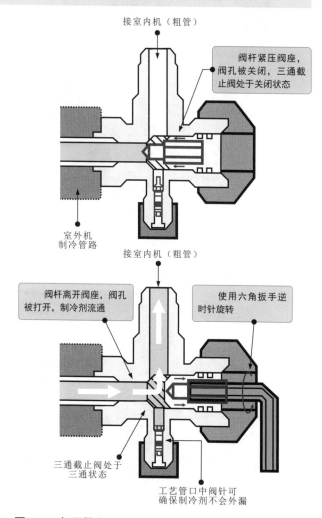

接室内机（粗管）

阀杆紧压阀座，阀孔被关闭，三通截止阀处于关闭状态

室外机制冷管路

接室内机（粗管）

阀杆离开阀座，阀孔被打开，制冷剂流通

使用六角扳手逆时针旋转

三通截止阀处于三通状态

工艺管口中阀针可确保制冷剂不会外漏

图8-5 空调器室外机三通截止阀的结构组成

多说两句！

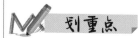

划重点

　　三通截止阀又叫气体截止阀或高压截止阀，由于制冷剂在通过三通截止阀时呈现高压、气体状态，所以三通截止阀的管路较粗，设有工艺管口，可对空调器进行抽真空、充注制冷剂等操作。

3 充氮操作

充氮设备连接好后，即可按照规范要求的顺序打开各设备的开关或阀门开始充氮。图8-6为空调器充氮的操作演练。

划重点

① 用扳手将室外机上的三通截止阀关紧，打开二通截止阀。

② 用扳手打开氮气钢瓶上的总阀门。

③ 调节与氮气钢瓶连接的减压器上的调压手柄，使出气压力大约为1.5MPa。

图8-6 空调器充氮的操作演练

图8-6 空调器充氮的操作演练（续）

④ 持续向空调器室外机管路系统充入氮气，增加系统压力，为下一步泡沫水检漏做好准备。

多说两句！

充氮检漏操作中，最常采用的是泡沫水检漏方法，对于管路微漏故障的检漏，常在二通截止阀和氮气钢瓶之间连接三通压力表，采用保压检漏方法。

图8-7为空调器管路充氮保压检漏设备的连接关系示意图。这种方式是使空调器管路系统具有一定的压力后，通过三通压力表检测管路系统的密闭性。通过充氮增大管路压力，最高静态压力可达2MPa，大于制冷剂的最大静态压力1MPa，有利于检测漏点。

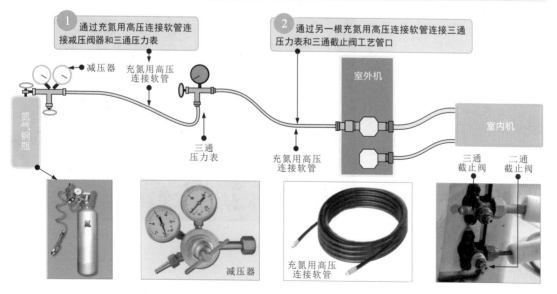

图8-7 空调器管路充氮保压检漏设备的连接关系示意图

根据维修经验，充氮后管路内压力较大，一些较小的漏点也能够检出。

若三通压力表数值减小，说明空调器室内机有漏点，应重点检查蒸发器和室内机连接管路。

若三通压力表数值不变，说明空调器室内机管路正常，此时分别打开三通截止阀和二通截止阀的阀门，使室内外机管路形成通路，若三通压力表数值减小，则说明空调器室外机管路存在漏点，应重点检查冷凝器和室外机管路。

若三通压力表数值一直保持不变，打开三通截止阀和二通截止阀的阀门后，数值仍不变，则说明空调器室内机与室外机管路均无漏点。

值得注意的是，严禁将氧气充入制冷系统进行检漏。压力过高的氧气遇到压缩机的冷冻油会有爆炸的危险。

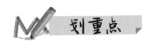

8.1.2　泡沫水检漏

泡沫水检漏就是使用洗洁精水或肥皂水检查管路各焊接点有无泄漏，简单、直接，是查找制冷管路漏点最有效的方法之一。

 **空调器重点检漏部位**

图8-8为空调器重点检漏部位。

❶ 压缩机吸气口与管路焊接处。

❷ 压缩机排气口与管路焊接处。

图8-8　空调器重点检漏部位

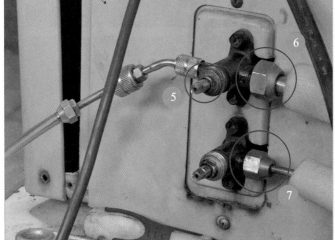

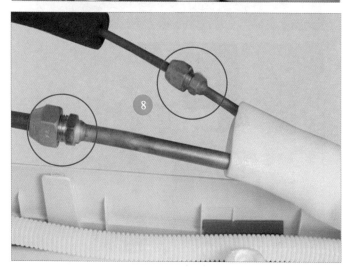

③ 干燥过滤器两端与管路焊接处。

④ 管路系统的其他所有焊接部位。

⑤ 三通截止阀是否拧紧。

⑥ 二通截止阀和三通截止阀纳子是否拧紧。

⑦ 联机配管喇叭口是否有裂纹、变薄或未与螺纹对接好。

⑧ 室内机与联机配管接头处，包括纳子未拧紧或有裂纹、铜管喇叭口有裂纹、快速接头焊点有沙眼等。

⑨ 检漏点：管路弯折部位。

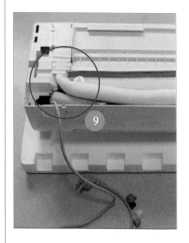

图8-8　空调器重点检漏部位（续）

划重点

1 将洗洁精与水按1:5的比例放置在容器中调制，直至产生丰富的泡沫。

2 用海绵（或毛刷）蘸取泡沫，涂抹在压缩机吸气口、排气口的焊接处。

3 用海绵（或毛刷）蘸取泡沫，涂抹在电磁四通阀各焊接处。

4 用海绵（或毛刷）蘸取泡沫，涂抹在干燥过滤器、单向阀的焊接处。

观察是否向外冒泡。若有冒泡现象，说明该部位有漏点。

2 涂抹泡沫水检漏

图8-9为涂抹泡沫水检漏的操作演练。

蘸有泡沫的海绵

压缩机排气口

压缩机吸气口

电磁四通阀焊接处

毛细管

干燥过滤器焊接处

图8-9 涂抹泡沫水检漏的操作演练

根据维修经验，将常见的泄漏部位汇总如下：

◆制冷系统中有油迹的位置（空调器制冷剂R22能够与压缩机润滑油互溶，如果制冷剂泄漏，通常会将润滑油带出）；

◆联机配管与室外机的连接处；

◆联机配管与室内机的连接处；

◆压缩机吸气管和排气管焊接处、电磁四通阀根部及连接管道焊接处、毛细管与干燥过滤器焊接处、毛细管与单向阀焊接处（冷暖型空调）、干燥过滤器与系统管路焊接处等。

对空调器管路漏点的处理方法一般为：

◆若管路系统中的焊点部位泄漏，则可补焊漏点或切开焊接部位重新焊接；

◆若电磁四通阀根部泄漏，则应更换整个电磁四通阀；

◆若室内机与联机配管的接头纳子未旋紧，则可用活络扳手拧紧接头纳子；

◆若室外机与联机配管的接头处泄漏，则应拧紧接头或切断联机配管的喇叭口，重新扩口后再连接；

◆若压缩机工艺管口泄漏，则应重新封口。

一般来说，在空调器管路系统中，除上述泄漏部位外，在室内机接口处、联机配管弯管处等也较易发生泄漏。

8.1.3 直接观察

空调器出现故障后，不可盲目拆卸或代换部件，应首先采用观察法检查空调器的整体外观及主要部位是否正常，有无明显磕碰或损坏的地方。

图8-10为直接观察空调器的外观及主要部件。

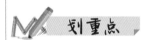

① 观察室外机轴流风扇是否正常转动。

② 观察排水管是否连续不断地滴水，制冷管路及电气线缆包裹是否良好。

轴流风扇

② 排水管

制冷管路及电气线缆

图8-10 直接观察空调器的外观及主要部件

③ 观察室内机出风有无异常。

④ 观察室内机指示灯的亮/灭/闪烁情况。

⑤ 观察室内机显示屏是否显示故障代码。

图8-10　直接观察空调器的外观及主要部件（续）

图8-11为直接观察空调器主要特征部件有无异常。

划重点

① 观察毛细管是否存在明显结霜现象。

② 观察干燥过滤器是否出现明显结霜现象。

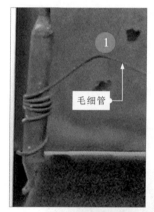
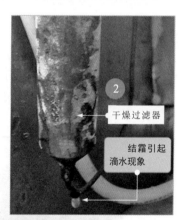

③ 观察压缩机排气管口的焊接处表面有无明显结霜或泄漏现象。

④ 观察压缩机吸气管口的焊接处表面有无明显结霜或泄漏现象。

图8-11　直接观察空调器主要特征部件有无异常

由于空调器管路系统中的部件之间多采用焊接方式，焊接部位较容易出现泄漏，因此检修时，应仔细观察各焊接处有无油渍，对判断管路系统是否存在泄漏有很大帮助。图8-12为直接观察空调器管路系统各焊接处有无油渍。

划重点

① 检查空调器工艺管口处有无油渍。

② 检查蒸发器U形管焊接处有无油渍。

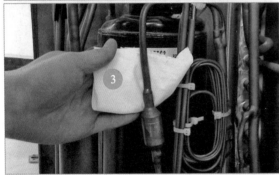

③ 检查干燥过滤器与毛细管焊接处有无油渍。

④ 检查干燥过滤器与冷凝器焊接处有无油渍。

⑤ 检查压缩机吸气口与管路焊接处有无油渍。

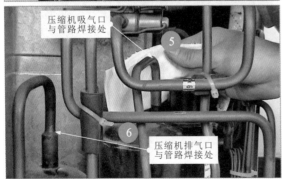

压缩机吸气口与管路焊接处

压缩机排气口与管路焊接处

⑥ 检查压缩机排气口与管路焊接处有无油渍。

图8-12 直接观察空调器管路系统各焊接处有无油渍

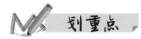

8.1.4 倾听法判别故障

倾听法是指通过听觉来获取故障线索的方法，主要用于对能够发出声响部件的直观判断，如压缩机的运转声、管路中的气流声等。

图8-13为采用倾听法可判断的几种故障。

1 在压缩机运行的情况下，侧耳仔细倾听蒸发器内应有类似流水的"嘶嘶"声。

蒸发器

2 在正常制冷情况下，由于制冷剂在制冷管道中流动，因此会有气流声或水流声发出。

如果没有水流声，则说明制冷剂已经泄漏。如果既没有水流声也没有气流声，则说明干燥过滤器或毛细管存在堵塞现象。

3 风扇扇叶在正常转动时应有持续轻微的转动声响，不应有杂音。

图8-13　采用倾听法可判断的几种故障

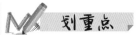

压缩机

④ 压缩机在正常工作的情况下，应有比较小的"嗡嗡"声，持续且均匀。

电磁四通阀

⑤ 倾听电磁四通阀的换向声音，制热转换及关闭时应发出正常的工作声响，同时会伴随制冷剂的流动声。

图8-13 采用倾听法可判断的几种故障（续）

若听不到压缩机工作的声音，则表明压缩机损坏或供电电路存在异常；若听到强烈的"嗡嗡"声，则说明压缩机已经通电，但没有启动，有可能是卡缸或者抱轴；若听到"呲呲"声，则表明有大量的液态制冷剂或冷冻机油进入气缸；若听到"当当"声，类似有异物撞击压缩机，则可能是内部运动部件出现松动；若听到有异常的金属撞击声，如吊簧脱落，则应立即切断电源；若听到"嗒嗒"声，则通常是由于压缩机启动电路的保护器时通时断造成的，供电电压低或者保护器有故障时就会出现这种现象。

当空调器出现只制冷不制热和只制热不制冷的情况时，就需要倾听一下电磁四通阀是否动作。通常，空调器处于制热状态时，在关闭空调器的瞬间，应该能够听到制冷剂的回流声。如果通电或断电时电磁四通阀都不动作，则表明电磁四通阀有故障。

8.1.5 触摸法感知故障

触摸法是指通过触摸空调器某部位感受其温度的方法来判断故障。

1 触摸压缩机的表面温度判断故障

空调器在运行状态下，可通过触摸压缩机的表面温度来判断压缩机的运行情况，如图8-14所示。

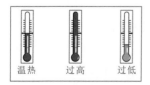

划重点

1️⃣ 正常制冷时，压缩机吸气管的温度较低，用手触摸压缩机吸气管时应该有冰凉的感觉。温度虽低，但不应结霜或滴水。若结霜或滴水，则可确定是制冷剂充注过量。

2️⃣ 正常制冷时，压缩机排气管的温度较高，用手触摸压缩机排气管时应有明显的温热感。

当压缩机正常运转一段时间后，表面温度一般不会超过90℃；长时间运行后，表面温度可能会达到100℃，手靠近感觉温度即可，以免烫伤。

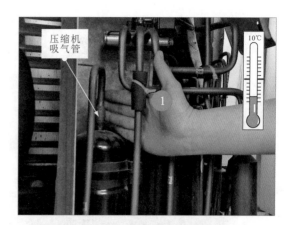

图8-14　通过触摸压缩机的表面温度判断故障

2 触摸干燥过滤器的表面温度判断故障

干燥过滤器的表面温度能够在很大程度上体现空调器管路系统的工作状态，如图8-15所示。

空调器在正常制冷时，干燥过滤器的表面温度应略高于人体温度，用手触摸时应感觉温热。

若干燥过滤器表面温度过高，说明制冷管路中的制冷剂过多，充注制冷剂的量应与空调器铭牌上的标识量一致。

若干燥过滤器表面温度过低，说明制冷系统存在堵塞。

图8-15　通过触摸干燥过滤器的表面温度判断故障

3 触摸冷凝器的表面温度判断故障

空调器正常工作时，冷凝器应有明显的温度变化特征，如图8-16所示。

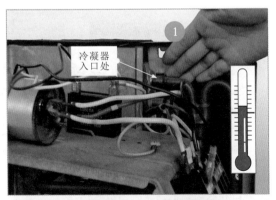

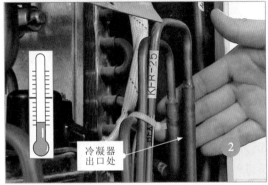

图8-16　通过触摸冷凝器的表面温度判断故障

4 触摸蒸发器的表面温度判断故障

蒸发器的表面温度直接影响空调器的制冷效果，观察蒸发器的结霜情况，可以初步判断管路系统中是否存在故障，如图8-17所示。

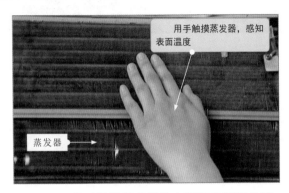

图8-17　通过触摸蒸发器的表面温度判断故障

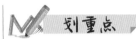
划重点

1 在正常情况下，冷凝器入口处到出口处的温度是逐渐递减的。
若冷凝器入口处和出口处的温度没有明显的变化或冷凝器根本就不散发热量，则说明制冷系统的制冷剂有泄漏现象或者压缩机不工作等。

2 若冷凝器散发热量数分钟后又冷却下来，则说明干燥过滤器、毛细管有堵塞故障。

空调器在正常制冷时，蒸发器的表面温度较低，用手触摸时，有冰凉的感觉。
蒸发器表面的翅片十分锋利，用手触摸时要十分小心，以免不慎将手割破。

温度较低，正常

5 通过室内机出风口和吸风口的温度判断故障

空调器刚开始制冷或制热时，可用手感知室内机出风口和吸风口的温度判断制冷或制热情况，如图8-18所示。

图8-18 通过室内机出风口和吸风口的温度判断故障

8.1.6 仪表检测法判断故障

1 万用表测试法

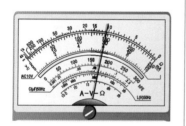

将万用表的黑表笔搭在C901的负极引脚端（接地端），红表笔搭在C901的正极引脚端，正常时可检测到约300V的直流电压。

万用表测试法是检修电路或电气部件时使用较多的一种测试方法。

图8-19为使用万用表测试电源电路的操作。

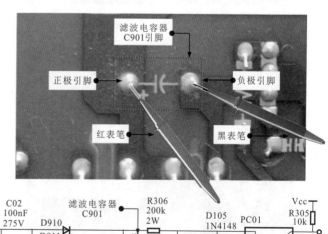

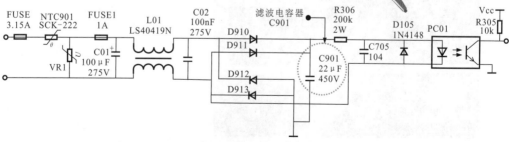

图8-19 使用万用表测试电源电路的操作

在通电状态下检测电路的电压值或电流值时，必须注意人身安全和产品安全。一般空调器都采用220V作为供电电源，电源电路板上的交流输入部分带有交流高压，在维修时需要注意操作安全。

2 示波器测试法

示波器测试法是检测空调器电路最科学、最准确的一种检测方法，主要通过示波器直接观察相关电路的信号波形，并与正常波形相比较来分析和判断故障部位。

图8-20为使用示波器检测空调器控制电路的晶振信号。

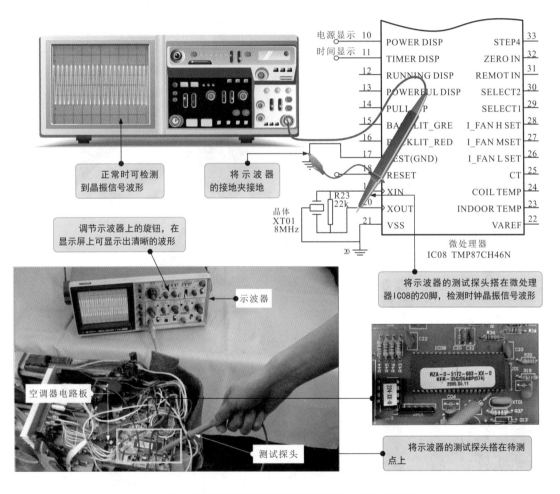

图8-20 使用示波器检测空调器控制电路的晶振信号

用示波器检测空调器控制电路的晶振信号，通过观察示波器显示屏上显示的信号波形，可以很方便地识别出信号波形是否正常，从而迅速找到故障部位

划重点

8.1.7 检修空调器的安全注意事项

1 人身安全

图8-21为检修空调器时的人身安全注意事项。

1 由于制冷剂遇到明火会产生有毒气体，对人身安全造成损害，因此在使用气焊设备进行焊接操作时，应首先将管路内的制冷剂排出或确认密封完好。

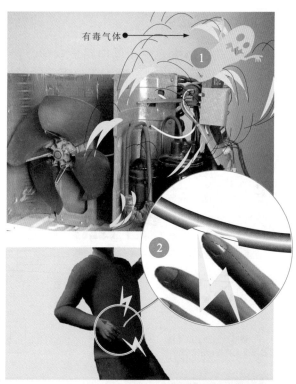

2 带电检修时，应做好绝缘防护，以免发生触电事故。

3 拆装空调器时，要做好安全防护工作，佩戴安全绳（或安全带）。

有毒气体

未佩戴安全带或其他安全设备的工作人员

错误 ✗

安全带的一端绑在固定位置

安全带

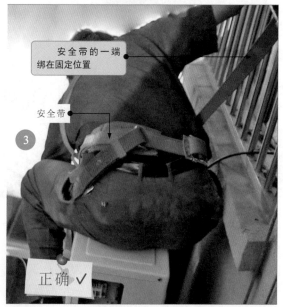

正确 ✓

图8-21　检修空调器时的人身安全注意事项

2 设备安全

在检修空调器时，除了要注意人身安全，还需要注意检修工具、仪表、空调器等设备的安全，以免造成二次故障。

图8-22为气焊设备的使用安全注意事项。

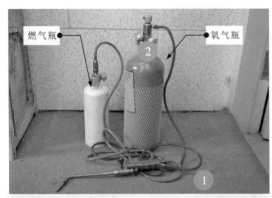

图8-22 气焊设备的使用安全注意事项

图8-23为使用万用表检测电路时的注意事项。

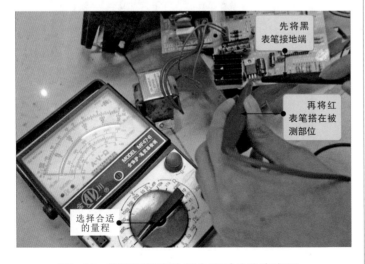

图8-23 使用万用表检测电路时的注意事项

划重点

① 软管不得短于2米，不得缠绕瓶身。

② 使用前，应检查阀门是否关闭。

③ 焊接时，不能将火焰对准或靠近氧气瓶或燃气瓶，易燃物品应远离火焰，以防止爆炸和火灾事故的发生，更不应将焊枪口对准人的身体，以免烧伤。

在检测时，若无法估计被测部位电压值的大小，可先将量程调至较大的挡位，然后观察指针，若指针摆动不明显，则可依次调节到较小的挡位。

在测量过程中，当表笔还搭在被测部位时，不可以调节万用表的量程。

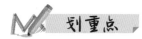

8.2 空调器常见故障检修流程

8.2.1 空调器不工作的检修流程

图8-24为空调器不工作的基本检修流程。

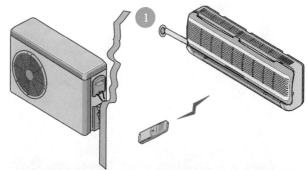

1 故障表现：空调器通电，使用遥控器控制开机后，整机不工作。

故障检修思路：先确定空调器的供电、电源线、遥控器等是否良好。

排除外部电源供电及遥控器的因素后，再重点检查室内机遥控接收电路、电源电路和控制电路等。

2 检查空调器供电线路的空气开关。

3 检测供电插座电压。

4 检查电源线的连接。

5 通过手机拍摄功能观察遥控器是否正常，重点检查红外发光二极管和遥控接收电路。

图8-24 空调器不工作的基本检修流程

图8-24 空调器不工作的基本检修流程（续）

6 检查电源电路中故障率高的部件。

7 检查控制电路中的相关部件。

8.2.2 空调器制冷不良的检修流程

空调器制冷不良主要分为完全不制冷和制冷效果差两种故障表现。

1 空调器完全不制冷的检修流程

图8-25为空调器完全不制冷的基本检修流程。

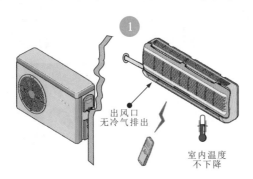

图8-25 空调器完全不制冷的基本检修流程

划重点

1 故障表现：空调器开机后，选择制冷工作状态，制冷一段时间后，出风口无冷气排出。

故障检修思路：先确定室内机出风口是否有风送出，并排除外部电源供电的因素，然后通过检查压缩机的转动情况确定故障范围，即判断是空调器管路故障还是电气故障，最后针对锁定的故障范围排查可能产生故障的部位。

2 检查出风口有无冷气排出。

3 检查显示面板的显示情况。

4 检查压缩机的运转情况。

5 检查室内温度传感器。

6 检查压缩机供电电压。

7 检查压缩机启动电容。

8 检查压缩机保护继电器。

9 检查压缩机控制线路传输部件。

10 检查室外机连接线。

11 检查压缩机绕组阻值。

12 检查制冷管路是否堵塞或泄漏。

1 故障表现：空调器能正常运转制冷，但在规定的条件下，室内温度降不到设定温度。

故障检修思路：空调器出现制冷效果差的故障原因有很多，也较复杂，如温度设定不正常、滤尘网堵塞、贯流风扇不运转、温度传感器失灵、压缩机间歇运转、制冷剂泄漏、充注制冷剂过多、制冷系统中有空气、压缩机效率低、蒸发器管路中有冷冻机油、制冷管路轻微堵塞等都会引起制冷效果差。检修时，应逐一检查上述可能引起故障的部位，从而排除故障。

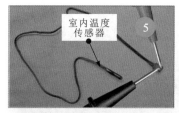
室内温度传感器

压缩机供电电压检测端

4(S1) 3(9) 2(N) 1(L)

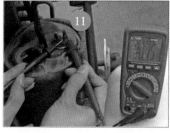

毛细管结霜堵塞

图8-25　空调器完全不制冷的基本检修流程（续）

2 空调器制冷效果差的检修流程

图8-26为空调器制冷效果差的基本检修流程。

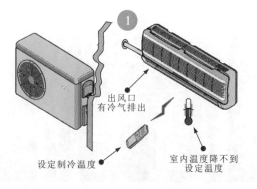
出风口有冷气排出
设定制冷温度
室内温度降不到设定温度

图8-26　空调器制冷效果差的基本检修流程

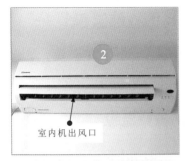

贯流风扇电动机

室内机出风口

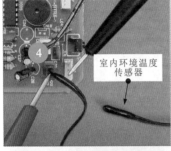
室内环境温度传感器

通过声音判断压缩机运转情况

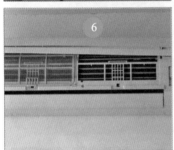

触摸冷凝器温度

触摸压缩机排气管路

干燥过滤器温度过低堵塞

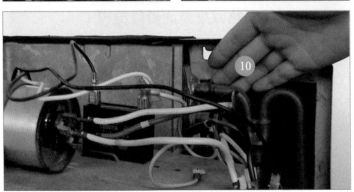

图8-26 空调器制冷效果差的基本检修流程（续）

划重点

② 检查室内机出风口是否有风。

③ 检查贯流风扇电动机。

④ 检查室内环境温度传感器。

⑤ 检查压缩机运转情况。

⑥ 检测室内机进、出风口温差以及是否有障碍物。

⑦ 检查制冷管路中制冷剂是否过多。制冷剂充注过多主要表现为压缩机吸、排气压力高于正常压力值，冷凝器温度较高，压缩机电流增大，压缩机吸气管挂霜。

⑧ 检查制冷管路中制冷剂是否泄漏。泄漏的主要表现为吸气管压力低，排气温度高，排气管路烫手，在毛细管的出口能听到比平时大的断续"吱吱"气流声。

⑨ 检查制冷管路是否堵塞。制冷管路中有轻微堵塞的主要表现为排气压力偏低，排气温度下降，被堵塞部位的温度比正常温度低。

⑩ 检查制冷系统内是否有空气。管路中有空气的主要表现为吸、排气压力升高，压缩机排气口至冷凝器进口处的温度明显升高，气体喷发声断续且增大。

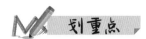

8.2.3 空调器制热不良的检修流程

空调器制热不良主要分为完全不制热和制热效果差两种故障表现。

1 空调器完全不制热的检修流程

图8-27为空调器完全不制热的基本检修流程。

电磁四通阀线圈供电插头

电磁四通阀

电磁四通阀线圈

倾听电磁四通阀换向声音

图8-27 空调器完全不制热的基本检修流程

2 空调器制热效果差的检修流程

图8-28为空调器制热效果差的基本检修流程。

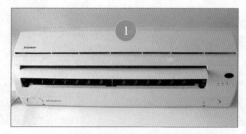

图8-28 空调器制热效果差的基本检修流程

---

① 故障表现：空调器开机后，选择制热工作状态，制热一段时间后，出风口无热风排出。

故障检修思路：先确定室内机出风口是否有风送出，是否为热风，然后进一步确定电磁四通阀是否可以正常换向。若正常，则可按照完全不制热的检修流程进行检修。若不正常，则需对电磁四通阀及其供电和控制电路进行检修。

② 检查电磁四通阀供电及控制线圈。

③ 检查电磁四通阀供电及控制电路。

④ 检查电磁四通阀是否能够换向。

⑤ 如果空调器制冷功能正常，制热功能不良，则多为电磁四通阀故障，需更换

① 故障表现：空调器能正常运转制热，在规定的条件下，室内温度上升不到设定温度。

故障检修思路：首先应检查室内机出风口是否有风，然后重点对电磁四通阀、单向阀等进行检测。若均正常，则可按照制冷效果差的检修流程进行检修。

②　检查贯流风扇电动机。

③　检查电磁四通阀线圈。

④　触摸电磁四通阀管路温度。

⑤　检查单向阀是否窜气。若单向阀故障，则需更换新的单向阀。

图8-28　空调器制热效果差的基本检修流程（续）

8.2.4 空调器控制失常的检修流程

图8-29为空调器控制失常的基本检修流程。

划重点

①　故障检修思路：空调器出现控制失常故障时，应针对不同的控制失常表现查找相应的故障点。

故障表现：空调器通电后，使用遥控器控制时，出现无法开机、无法制冷/制热切换、无法设定温度、导风板不能控制等故障现象。

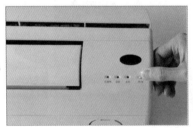

②　对遥控器内的红外发光二极管进行检测。

③　检测遥控接收器。

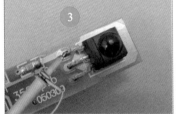

④　检查电磁四通阀管路温度。

⑤　检查电磁四通阀控制电路。

图8-29　空调器控制失常的基本检修流程

⑥ 若导风板不能控制，应检查导风板传动支架是否脱落。若因连接传动不良，可重新安装导风板传动支架。

⑦ 检查导风板与驱动电动机的安装连接是否异常。

⑧ 进一步对导风板驱动电动机进行检测。若损坏，则更换。

⑨ 若导风板驱动电动机性能良好，则继续检查导风板驱动电动机供电电压。

⑩ 检查导风板驱动电动机与控制电路的连接插件。

⑪ 检查空调器室内环境温度传感器。

划重点

① 故障表现：空调器启动工作后，制冷/制热正常，室内机或室外机箱体下有滴水现象。

故障检修思路：室外机滴水多为除湿操作时产生的冷凝水，并非空调器本身出现故障；室内机滴水多为室内机固定不平、排水管破裂、接水盘破裂或脏堵所引起。

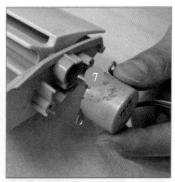
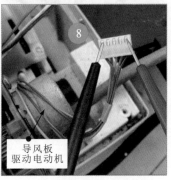

导风板驱动电动机供电插件

导风板驱动电动机

图8-29　空调器控制失常的基本检修流程（续）

8.2.5 空调器其他功能异常的检修流程

1 空调器室内机漏水的检修流程

图8-30为空调器室内机漏水的基本检修流程。

图8-30　空调器室内机漏水的基本检修流程

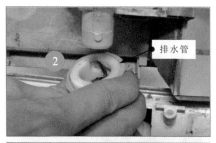

图8-30 空调器室内机漏水的基本检修流程（续）

2 空调器噪声大的检修流程

图8-31为空调器噪声大的基本检修流程。

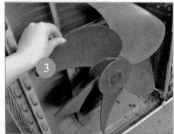

图8-31 空调器噪声大的基本检修流程

② 检查室内机排水管是否有堵塞或漏水情况。

③ 检查接水盘的安装及排水情况。

① 检查空调器机架是否牢固，紧固室外机外壳的松动螺钉。

② 紧固室内机风扇驱动电动机固定支架。

③ 检查室外机风扇有无异物碰撞。

④ 检查室外机风扇驱动电动机轴承。

⑤ 更换室外机风扇驱动电动机。

第9章

空调器电路部件检修

9.1 空调器贯流风扇组件的检修

9.1.1 空调器贯流风扇组件的功能特点

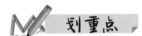
划重点

贯流风扇组件和导风板组件位于空调器室内机，主要用来加速房间内的空气循环，提高制冷/制热效率。图9-1为贯流风扇组件的结构。

① 贯流风扇扇叶为细长的离心叶片，具有结构紧凑及叶轮直径小、长度大、风量大、风压低、转速低、噪声小的特点。

② 贯流风扇驱动电动机位于室内机的一侧，通过连接导线与电源电路和控制电路连接，在其表面可以清楚地看到相关的驱动电路和内部的相关元器件。

③ 在贯流风扇驱动电动机的内部安装有霍尔元件，用来检测转速，检测到的转速信号送入微处理器，用于准确控制贯流风扇驱动电动机的转速。

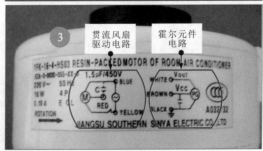

图9-1 贯流风扇组件的结构

图9-2为分体柜式空调器贯流风扇组件的结构。

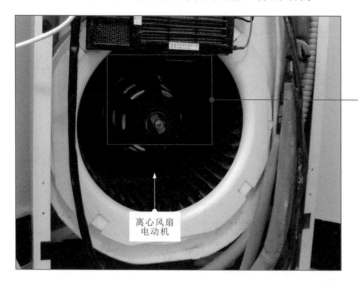

离心风扇
电动机

分体柜式空调器室内机的贯流风扇组件通常安装在室内机的下部，在其前面安装有高效过滤网，将过滤网取下后，即可找到贯流风扇组件。

图9-2 分体柜式空调器贯流风扇组件的结构

贯流风扇组件由电源电路供电，由微处理器提供驱动信号控制贯流风扇驱动电动机的动作。图9-3为贯流风扇组件的功能。

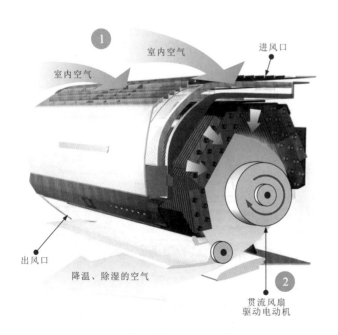

室内空气

室内空气

进风口

① 室内空气从进风口进入室内机，经蒸发器降温、除湿或加热等处理后，在贯流风扇扇叶的带动下，从出风口排出。

出风口

降温、除湿的空气

② 贯流风扇驱动电动机通电运转，带动贯流风扇扇叶转动，使室内空气强制对流。

贯流风扇
驱动电动机

图9-3 贯流风扇组件的功能

图9-4为贯流风扇组件的控制过程。

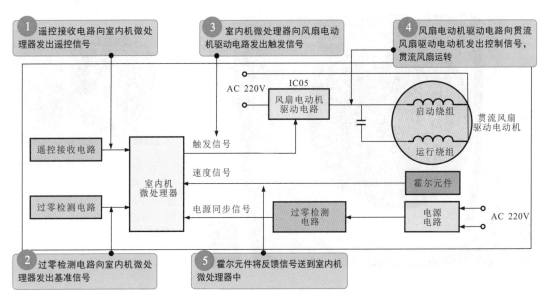

图9-4　贯流风扇组件的控制过程

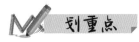

1 检查是否变形、破损或脏污等。

9.1.2　空调器贯流风扇组件的检修代换

室内机贯流风扇组件出现故障多表现为出风口不出风、制冷效果差、室内温度达不到指定温度等。

1 贯流风扇扇叶的检查

检查贯流风扇扇叶是否正常时，主要是查看扇叶是否变形、灰尘是否过多、是否有异物等。图9-5为贯流风扇扇叶的检查方法。

图9-5　贯流风扇扇叶的检查方法

图9-5 贯流风扇扇叶的检查方法（续）

检查贯流风扇扇叶时，若贯流风扇扇叶因存在严重脏污、变形或破损而无法运转时，就需要用相同规格、大小的扇叶进行代换。若只是脏污较为严重，则可使用清洁刷清洁扇叶即可。

2 若脏污较为严重，将直接影响送风效果，可使用清洁刷清洁。

多说两句！

划重点

2 贯流风扇驱动电动机的检测

贯流风扇驱动电动机是贯流风扇组件中的核心部件，若不转或转速异常，则需要通过万用表对贯流风扇驱动电动机绕组的阻值及内部霍尔元件间的阻值进行检测，以判断贯流风扇驱动电动机是否出现故障。

图9-6为检测贯流风扇驱动电动机内部绕组的方法。

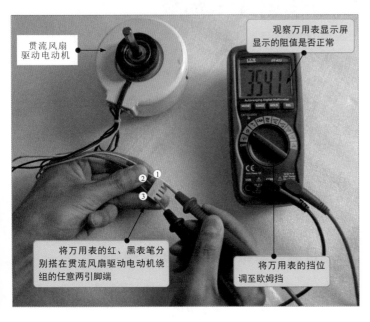

贯流风扇驱动电动机

观察万用表显示屏显示的阻值是否正常

将万用表的红、黑表笔分别搭在贯流风扇驱动电动机绕组的任意两引脚端

将万用表的挡位调至欧姆挡

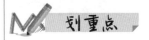

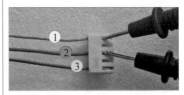

图9-6 检测贯流风扇驱动电动机内部绕组的方法

将万用表的红、黑表笔分别搭在贯流风扇驱动电动机绕组连接插件的1脚和2脚，可测得阻值为0.730kΩ；搭在2脚和3脚，可测得阻值为0.375kΩ；搭在1脚和3脚，可测得阻值为354.1Ω，即0.3541kΩ。

在检测贯流风扇驱动电动机时，若发现某两个引脚的阻值与正常值偏差较大，则说明绕组可能存在异常，应更换贯流风扇驱动电动机。

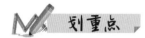

图9-7为检测贯流风扇驱动电动机内部霍尔元件间阻值的方法。

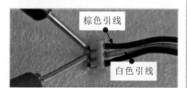

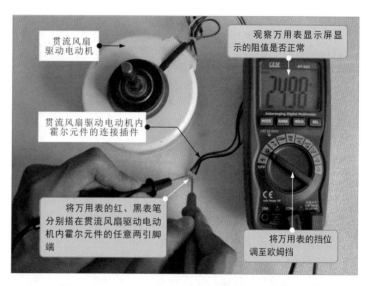

图9-7　检测贯流风扇驱动电动机内部霍尔元件间阻值的方法

将万用表的红、黑表笔分别搭在贯流风扇驱动电动机内霍尔元件的任意两引脚端，棕色引线和黑色引线之间的阻值为24.98MΩ，棕色引线和白色引线之间的阻值为25.9kΩ，白色引线和黑色引线之间的阻值为20.3MΩ。

在检测贯流风扇驱动电动机内的霍尔元件时，在正常情况下，各引线端应有一定的阻值，若发现某两个引线之间的阻值与正常值偏差较大，则说明贯流风扇驱动电动机内霍尔元件可能存在异常，应对贯流风扇驱动电动机进行更换。

3 贯流风扇驱动电动机的代换

若贯流风扇驱动电动机老化或出现无法修复的故障，就需要使用同型号或参数相同的贯流风扇驱动电动机进行代换。图9-8为贯流风扇驱动电动机的代换方法。

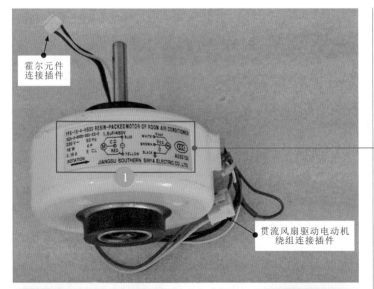

霍尔元件连接插件

贯流风扇驱动电动机绕组连接插件

型号

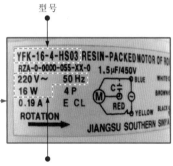

YFK-16-4-HS03 RESIN-PACKEDMOTOR OF ROOM AIR CONDITIONER
RZA-0-0000-055-XX-0   1.5μF/450V
220V~   50Hz
16 W   4 P
0.19 A   E CL
ROTATION   JIANGSU SOUTHERN SINYA

额定电压：220V
频率：50Hz
额定功率：16W

① 选用与原贯流风扇驱动电动机规格参数（额定电压、频率、额定功率）、体积大小相同的贯流风扇驱动电动机。

贯流风扇扇叶

② 将新的贯流风扇驱动电动机与贯流风扇扇叶连接。

③ 拧紧固定螺钉。

贯流风扇扇叶

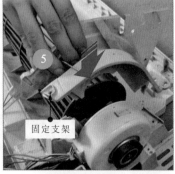

固定支架

④ 将贯流风扇组件安装在室内机外壳中。

⑤ 将固定支架安装在贯流风扇组件中并用螺钉固定。

贯流风扇驱动电动机内绕组的连接插件

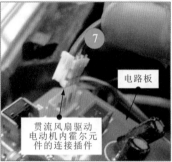

电路板

贯流风扇驱动电动机内霍尔元件的连接插件

⑥ 将贯流风扇驱动电动机内绕组的连接插件与电路板连接。

⑦ 将贯流风扇驱动电动机内霍尔元件的连接插件与电路板连接，通电运行，转动正常。

图9-8 贯流风扇驱动电动机的代换方法

9.2 空调器导风板组件的检修

9.2.1 空调器导风板组件的功能特点

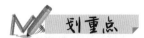

空调器导风板组件通常安装在室内机的出风口。图9-9为导风板组件的功能。

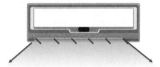

空调器工作时，水平导风板会在导风板驱动电动机的驱动下垂直摆动，实现垂直风向的调节，并可以通过调节各组垂直叶片的角度实现水平风向的调节。

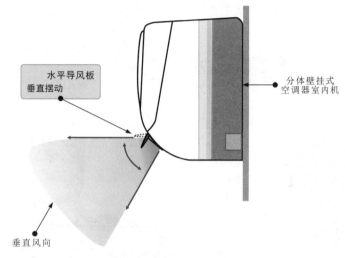

图9-9　导风板组件的功能

图9-10为分体壁挂式空调器导风板组件的结构。

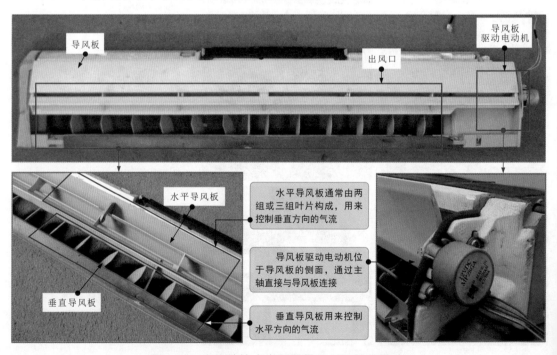

图9-10　分体壁挂式空调器导风板组件的结构

当空调器的供电电路接通后，由控制电路发出控制指令，启动导风板驱动电动机工作，带动导风板摆动。图9-11为导风板组件的控制过程。

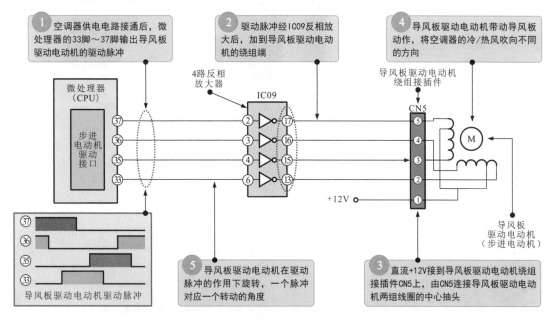

① 空调器供电电路接通后，微处理器的33脚～37脚输出导风板驱动电动机的驱动脉冲

② 驱动脉冲经IC09反相放大后，加到导风板驱动电动机的绕组端

④ 导风板驱动电动机带动导风板动作，将空调器的冷/热风吹向不同的方向

⑤ 导风板驱动电动机在驱动脉冲的作用下旋转，一个脉冲对应一个转动的角度

③ 直流+12V接到导风板驱动电动机绕组接插件CN5上，由CN5连接导风板驱动电动机两组线圈的中心抽头

图9-11 导风板组件的控制过程

9.2.2 空调器导风板组件的检修代换

导风板组件故障，空调器会出现风向不能调节的现象。检修时，需要分别对导风板组件中的导风板、导风板驱动电动机等进行检测。

① 导风板的检查

图9-12为导风板的检查方法。

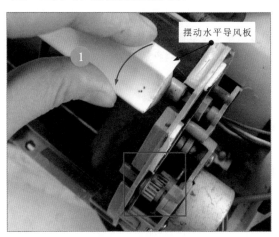

图9-12 导风板的检查方法

划重点

① 检查齿轮组的运转是否正常，有无错齿、断裂情况。

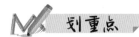

② 检查垂直导风板的外观有无破损或断裂现象。

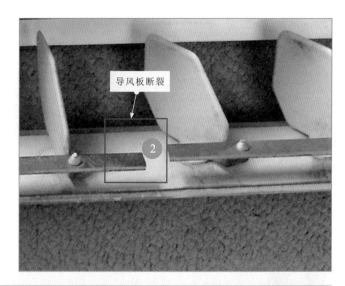

③ 检查水平导风板和垂直导风板是否被异物卡住。

图9-12 导风板的检查方法（续）

若导风板严重破损或脏污，则需要用相同规格的导风板代换，或使用清洁刷对导风板进行清洁处理。

2 导风板驱动电动机的检测

图9-13为导风板驱动电动机的检测方法。

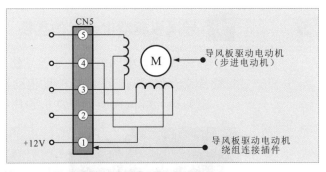

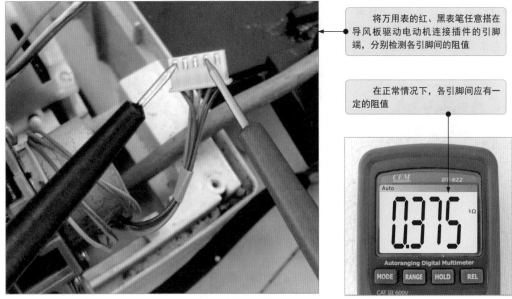

将万用表的红、黑表笔任意搭在导风板驱动电动机连接插件的引脚端，分别检测各引脚间的阻值

在正常情况下，各引脚间应有一定的阻值

图9-13 导风板驱动电动机的检测方法

在正常情况下，导风板驱动电动机连接插件任意两个引脚之间应能检测到一定的阻值，见表9-1。

若测得的阻值为∞，则说明内部绕组出现断路故障；若测得的阻值为0Ω，则说明内部绕组短路。

表9-1 导风板驱动电动机连接插件各引脚间的阻值

引脚颜色	红	橙	黄	粉	蓝
红	—	0.375kΩ	0.375kΩ	0.375kΩ	0.375kΩ
橙	0.375kΩ	—	0.75kΩ	0.75kΩ	0.75kΩ
黄	0.375kΩ	0.75kΩ	—	0.75kΩ	0.75kΩ
粉	0.375kΩ	0.75kΩ	0.75kΩ	—	0.75kΩ
蓝	0.375kΩ	0.75kΩ	0.75kΩ	0.75kΩ	—

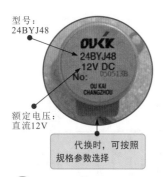

3　导风板驱动电动机的代换

导风板驱动电动机老化或无法修复时，就需要使用同型号或参数相同的导风板驱动电动机进行代换。

图9-14为导风板驱动电动机的代换方法。

① 将导风板驱动电动机与电路板之间的连接插件拔下。

② 选择大小合适的螺钉旋具将固定导风板驱动电动机的螺钉拧下，取下导风板驱动电动机。

型号：
24BYJ48

额定电压：
直流12V

代换时，可按照规格参数选择

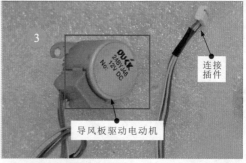

③ 选用的导风板驱动电动机要与原导风板驱动电动机的规格参数（型号、额定电压）、体积大小等相同。

④ 将新的导风板驱动电动机重新安装到位，并用固定螺钉紧固，重新连接插件。

⑤ 将导风板组件安装回室内机，通电运行，导风板运转正常。

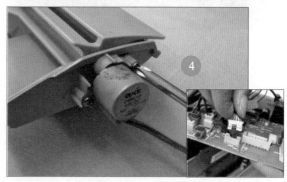

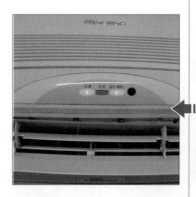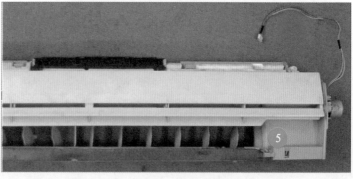

图9-14　导风板驱动电动机的代换方法

9.3 空调器轴流风扇组件的检修

9.3.1 空调器轴流风扇组件的功能特点

空调器的轴流风扇组件安装在室外机内，位于冷凝器的内侧，主要由轴流风扇驱动电动机、轴流风扇扇叶和轴流风扇启动电容组成。图9-15为空调器轴流风扇组件的结构。

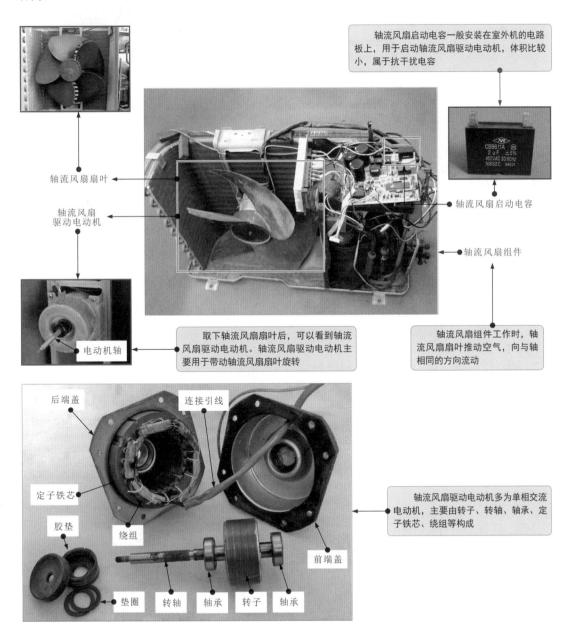

图9-15 空调器轴流风扇组件的结构

167

轴流风扇组件的主要作用是确保室外机内部热交换部件（冷凝器）的良好散热。图9-16为轴流风扇组件的功能特点。

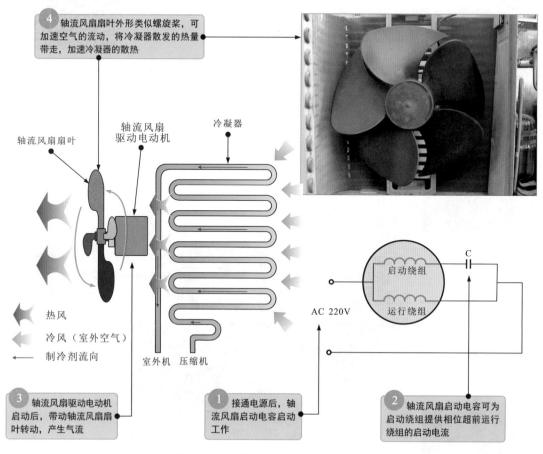

图9-16　轴流风扇组件的功能特点

图9-17为轴流风扇组件的控制过程。

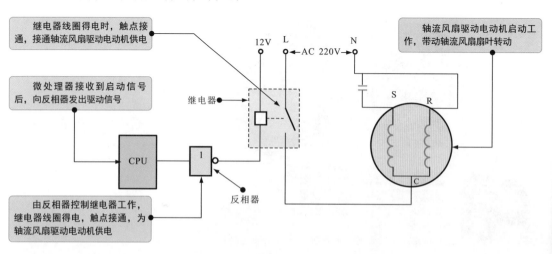

图9-17　轴流风扇组件的控制过程

9.3.2 空调器轴流风扇组件的检修代换

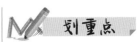

轴流风扇组件出现故障后，空调器可能会出现室外机风扇不转、室外机风扇转速慢进而导致空调器不制冷（热）或制冷（热）效果差等现象。若怀疑轴流风扇组件损坏，需要分别对轴流风扇扇叶、轴流风扇启动电容、轴流风扇驱动电动机等进行检测。

1 轴流风扇扇叶的检查

图9-18为轴流风扇扇叶的检查方法。

轴流风扇扇叶

拨动轴流风扇扇叶，查看能否轻松平滑旋转，检查轴流风扇扇叶附近有无脏污、异物堵塞、堵转情况。

图9-18　轴流风扇扇叶的检查方法

2 轴流风扇扇叶的代换

图9-19为轴流风扇扇叶的代换方法。

轴流风扇驱动电动机

① 将损坏的轴流风扇扇叶从轴流风扇驱动电动机上取下。

轴流风扇扇叶

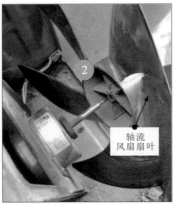

轴流风扇扇叶

② 将类型、型号、大小等规格参数相同的轴流风扇扇叶轴心的凸出部分对准轴流风扇驱动电动机轴上的卡槽安装到位后，用固定螺钉固定。

图9-19　轴流风扇扇叶的代换方法

3 轴流风扇启动电容的检测

轴流风扇启动电容正常工作是轴流风扇驱动电动机启动运行的基本条件之一。若轴流风扇驱动电动机不启动或启动后转速明显偏慢，则应先检测轴流风扇启动电容。

图9-20为轴流风扇启动电容的检测方法。

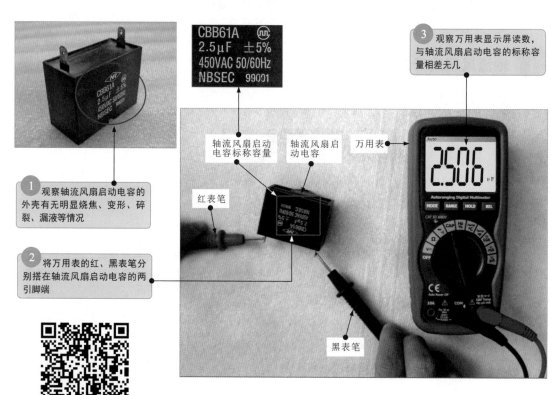

图9-20 轴流风扇启动电容的检测方法

多说两句！ 若轴流风扇启动电容因漏液、变形导致容量减少时，多会引起轴流风扇驱动电动机转速变慢；若轴流风扇启动电容漏液严重，完全无容量时，将会导致轴流风扇驱动电动机不启动、不运行的故障。

4 轴流风扇启动电容的代换

若检测轴流风扇启动电容的电容量与标称值偏差较大，则可能是轴流风扇启动电容损坏，需要根据标称参数选择容量、耐压值等均相同的轴流风扇启动电容，并安装到原轴流风扇组件中启动电容的位置上。

图9-21为轴流风扇启动电容的代换方法。

识读原轴流风扇启动电容的参数:
容量为2.5μF、耐压值为450V

❶ 在更换轴流风扇启动电容时,若找不到与原启动电容容量参数完全相同的,则应选择耐压值相同、容量误差为原容量20%以内的,若相差太多,则容易损坏轴流风扇驱动电动机。

性能良好的启动电容

❷ 将代换用的启动电容放置到原启动电容的位置上,用固定螺钉固定。

固定螺钉

连接引线

❸ 将轴流风扇驱动电动机的连接引线与启动电容连接即可。

图9-21 轴流风扇启动电容的代换方法

⑤ 轴流风扇驱动电动机的检测

　　轴流风扇驱动电动机是轴流风扇组件的核心部件。在轴流风扇启动电容正常的前提下,若轴流风扇驱动电动机不转或转速异常,需通过万用表对轴流风扇驱动电动机绕组的阻值进行检测,以判断轴流风扇驱动电动机是否出现故障。

　　轴流风扇驱动电动机一般有五根引线和三根引线，在实际检测中，应先确定轴流风扇驱动电动机各引线的功能（区分启动端、运行端和公共端）。图9-22为根据铭牌标识区分轴流风扇驱动电动机三根引线的方法。

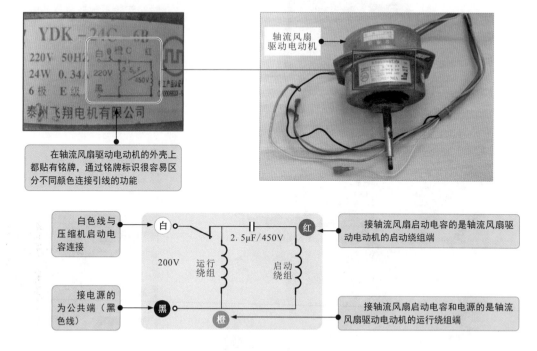

图9-22　根据铭牌标识区分轴流风扇驱动电动机三根引线的方法

　　明确轴流风扇驱动电动机各引线的功能后，即可对轴流风扇驱动电动机进行检测。图9-23为检测轴流风扇驱动电动机各引线间阻值的方法。

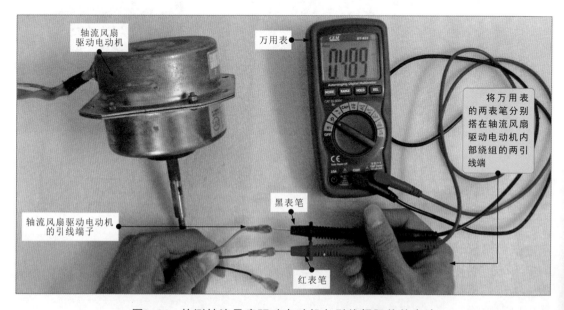

图9-23　检测轴流风扇驱动电动机各引线间阻值的方法

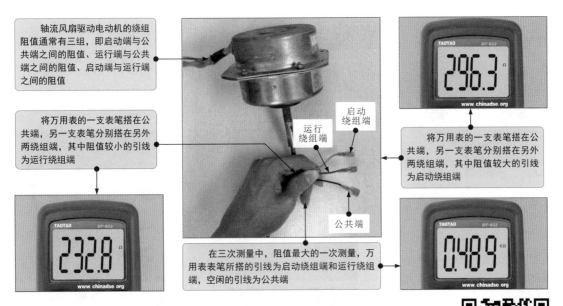

图9-23 检测轴流风扇驱动电动机各引线间阻值的方法（续）

图9-24为轴流风扇驱动电动机绕组的连接方式。

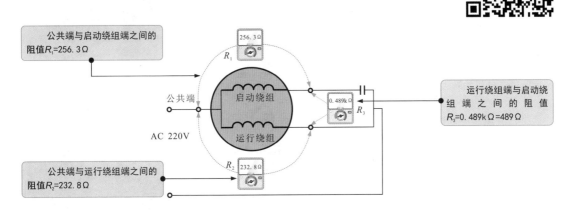

图9-24 轴流风扇驱动电动机绕组的连接方式

在正常情况下，任意两引线端均有一定的阻值，且满足其中两阻值之和等于另外一组数值。

若检测时发现某两个引线端的阻值趋于无穷大，则说明绕组中有断路情况。

若三组数值间不满足等式关系，则说明可能存在绕组间短路情况。

测量轴流风扇驱动电动机绕组间的阻值时，应防止轴流风扇驱动电动机转轴转动（如未拆卸进行检测时，由于刮风等原因，扇叶可带动转轴转动），否则可能因轴流风扇驱动电动机转动时产生感应电动势，干扰检测数据。

划重点

额定电压：220V　　频率：50Hz
额定功率：24W　　额定电流：0.34A
线圈极数：6极　　绝缘等级：E级

① 将新的同规格型号的轴流风扇驱动电动机放到电动机支架上。

② 用固定螺钉固定。

③ 将轴流风扇扇叶对准轴流风扇驱动电动机转轴上的卡槽并安装好。

④ 将轴流风扇扇叶固定在轴流风扇驱动电动机的转轴上。

⑤ 将轴流风扇驱动电动机的连接引线分别与电路板、启动电容、接地端等连接。

⑥ 代换完成后，通电试机，室外机运转正常。

6 轴流风扇驱动电动机的代换

轴流风扇驱动电动机老化或无法修复时，需要使用同型号或参数相同的轴流风扇驱动电动机进行代换。

图9-25为轴流风扇驱动电动机的代换方法。

图9-25　轴流风扇驱动电动机的代换方法

9.4 空调器保护继电器的检修

9.4.1 空调器保护继电器的功能特点

保护继电器一般安装在压缩机顶部的接线盒内，其外观为黑色圆柱形。保护继电器的感温面紧贴在压缩机的顶部外壳上，供电端子与压缩机内的电动机绕组串联连接。图9-26为保护继电器的结构。

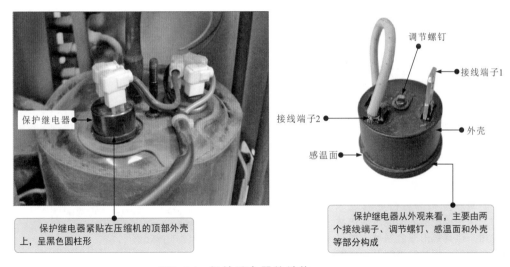

保护继电器

保护继电器紧贴在压缩机的顶部外壳上，呈黑色圆柱形

调节螺钉

接线端子1

接线端子2

感温面

外壳

保护继电器从外观来看，主要由两个接线端子、调节螺钉、感温面和外壳等部分构成

图9-26　保护继电器的结构

　　图9-27为变频空调器中的保护继电器。在一些变频空调器中，保护继电器通过信号线直接与电路板连接，不直接对压缩机的供电进行控制，而是由微处理器根据过热保护继电器的通、断信号控制压缩机的供电。

多说两句！

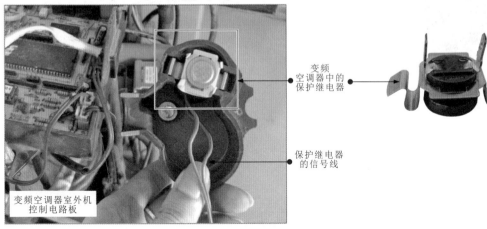

变频空调器中的保护继电器

保护继电器的信号线

变频空调器室外机控制电路板

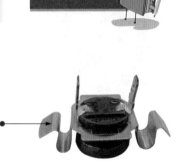

图9-27　变频空调器中的保护继电器

　　保护继电器是压缩机组件中的重要组成部件，主要用于实现过流和过热保护。当压缩机运行电流过高或压缩机温度过高时，由保护继电器切断电源，实现停机保护。一般来说，保护继电器的内部主要由电阻加热丝、蝶形双金属片、一对动/静触点组成。保护继电器实际上是一种过电流、过电压双重保护部件。图9-28为保护继电器的过电流保护功能。

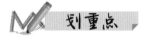

当压缩机的运行电流正常时，保护继电器内的电阻加热丝微量发热，蝶形双金属片受热较低，处于正常工作状态，动触点与接线端子上的静触点处于接通状态，通过接线端子连接的线缆将电源传到压缩机内的电动机绕组上，压缩机得电启动运转。

当压缩机的运行电流过大时，保护继电器内的电阻加热丝发热，烘烤蝶形双金属片，使其反向拱起，保护触点断开，切断电源，压缩机断电，停止运转。

电阻加热丝

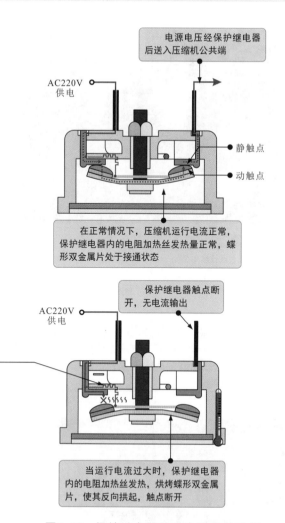

电源电压经保护继电器后送入压缩机公共端

AC220V供电

静触点

动触点

在正常情况下，压缩机运行电流正常，保护继电器内的电阻加热丝发热量正常，蝶形双金属片处于接通状态

保护继电器触点断开，无电流输出

AC220V供电

当运行电流过大时，保护继电器内的电阻加热丝发热，烘烤蝶形双金属片，使其反向拱起，触点断开

图9-28　保护继电器的过电流保护功能

图9-29为保护继电器的过热保护功能。

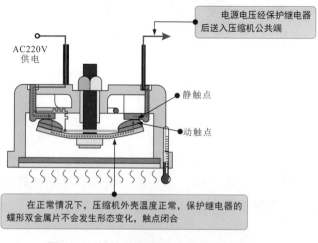

电源电压经保护继电器后送入压缩机公共端

AC220V供电

静触点

动触点

在正常情况下，压缩机外壳温度正常，保护继电器的蝶形双金属片不会发生形态变化，触点闭合

图9-29　保护继电器的过热保护功能

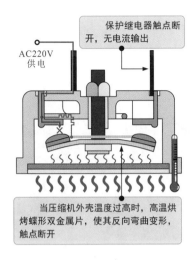

保护继电器触点断开，无电流输出

AC220V
供电

当压缩机外壳温度过高时，高温烘烤蝶形双金属片，使其反向弯曲变形，触点断开

图9-29 保护继电器的过热保护功能（续）

9.4.2 空调器保护继电器的检修代换

保护继电器出现故障后，将无法对压缩机的异常情况进行监测和保护，可能会造成压缩机因过热而被烧毁或压缩机频繁启、停的故障。

1 保护继电器的检测

图9-30为保护继电器的检测方法。检测保护继电器时，可分别在室温和人为对保护继电器感温面升温的条件下，借助万用表对保护继电器两引线端子间的阻值进行检测。

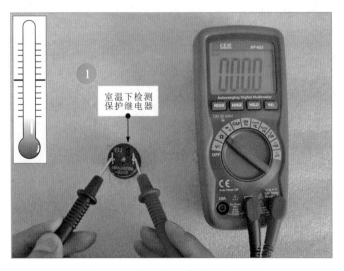

室温下检测保护继电器

图9-30 保护继电器的检测方法

当压缩机温度正常时，保护继电器蝶形双金属片上的动触点与内部的静触点保持原始接触状态，通过接线端子连接的线缆将电源传输到压缩机的电动机绕组上，压缩机得电启动运转。

当压缩机内的温度过高时，必定使机壳温度升高，保护继电器受到压缩机壳体温度的烘烤，蝶形双金属片受热变形向下弯曲，带动动触点与内部的静触点分离，断开接线端子所接的线路，压缩机断电，停止运转，可有效防止压缩机内部因温度过高而损坏。

划重点

① 在室温状态下，保护继电器金属片触点处于接通状态，用万用表检测两引线端子间的阻值应接近于零。

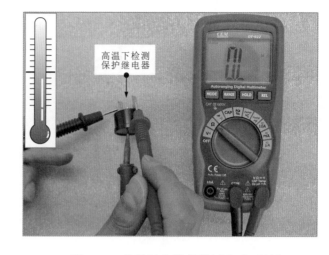

图9-30　保护继电器的检测方法（续）

② 在高温状态下，保护继电器的金属片变形断开，用万用表检测两引线端子间的阻值应为无穷大。若测得的阻值不正常，则说明保护继电器已损坏，应更换。

划重点

① 选择规格参数、体积大小、引线端子位置一致的保护继电器进行代换。

2 保护继电器的代换

图9-31为保护继电器的代换方法。

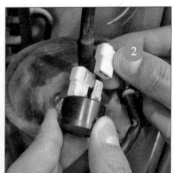

② 将连接插件与新的保护继电器连接好，将保护盒重新盖在保护继电器和引线端子上。

③ 将连接好插件的保护继电器放置到安装位置上，通电开机，故障被排除。

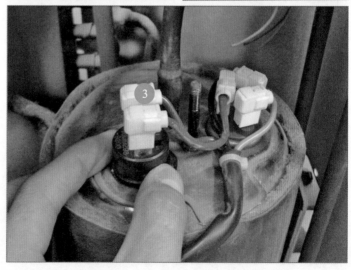

图9-31　保护继电器的代换方法

9.5 空调器压缩机启动电容的检修

9.5.1 空调器压缩机启动电容的功能特点

压缩机启动电容是辅助定频压缩机启动的重要部件，一般固定在定频压缩机上方的支架或支撑板上，引脚与压缩机的启动端连接。

图9-32为压缩机启动电容的外形结构。

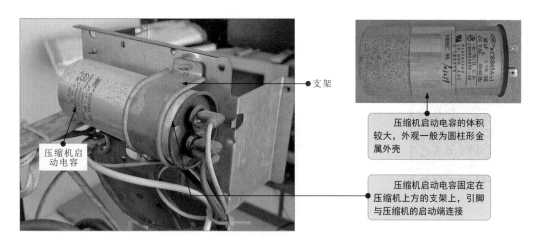

● 支架

> 压缩机启动电容的体积较大，外观一般为圆柱形金属外壳

> 压缩机启动电容固定在压缩机上方的支架上，引脚与压缩机的启动端连接

● 压缩机启动电容

图9-32 压缩机启动电容的外形结构

压缩机启动电容的容量较大，为$1\sim6\mu F$，用于为压缩机电动机的辅助绕组提供启动电流，辅助压缩机启动。图9-33为压缩机启动电容的工作原理。

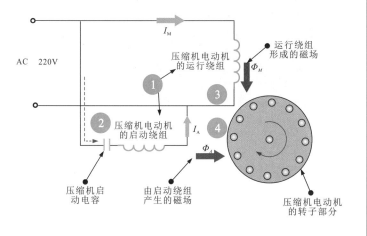

图9-33 压缩机启动电容的工作原理

划重点

❶ 压缩机电动机中有两个绕组，即启动绕组（辅助绕组）和运行绕组。这两个绕组的相位相差90°。

❷ 压缩机启动电容串联在压缩机电动机的启动绕组端，当交流220V电源加到供电端的瞬间，由于电容器的充电特性，启动绕组中的电流在相位上比运行绕组中的电流超前90°。

❸ 在时间和空间上会形成两个磁场，使压缩机电动机产生一个旋转磁场。

❹ 在旋转磁场的作用下，压缩机电动机的转子产生感应电流，该电流和旋转磁场相互作用产生电磁场转矩，使压缩机电动机旋转起来。

当压缩机电动机正常运转之后，电容器早已充满电，使通过启动绕组的电流减小到微乎其微，只有运行绕组工作，维持转子的正常旋转。

9.5.2 空调器压缩机启动电容的检修代换

若压缩机启动电容出现异常情况，通常会导致压缩机不能正常启动的故障。

1 压缩机启动电容的检测

图9-34为使用数字万用表检测压缩机启动电容。

① 将万用表的挡位调至电容量挡。

② 将万用表的表笔分别搭在压缩机启动电容的两个引脚上。

③ 在正常情况下，万用表测得的电容量应为30μF左右。

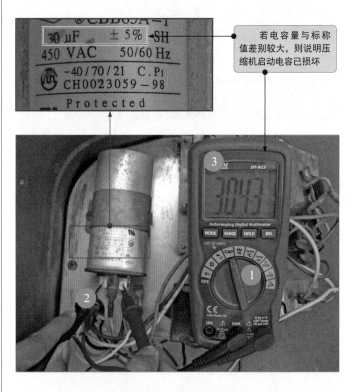

若电容量与标称值差别较大，则说明压缩机启动电容已损坏

图9-34 使用数字万用表检测压缩机启动电容

使用数字万用表检测压缩机启动电容，主要是使用数字万用表的电容量测量功能，将检测值与标称值进行比较，从而判别压缩机启动电容性能是否良好。若实测值与标称值相差很大，则说明压缩机启动电容性能不良，需要选择同规格的压缩机启动电容更换。

图9-35为使用指针万用表检测压缩机启动电容。

在正常情况下，万用表指针先向右摆动到一个位置

再缓慢向左摆动

最后停在一个固定位置上

若指针不摆动或摆动幅度很小，则说明压缩机启动电容性能不良，多为内部电解质干涸或老化变质引起电容量变小

万用表的指针出现明显的摆动现象

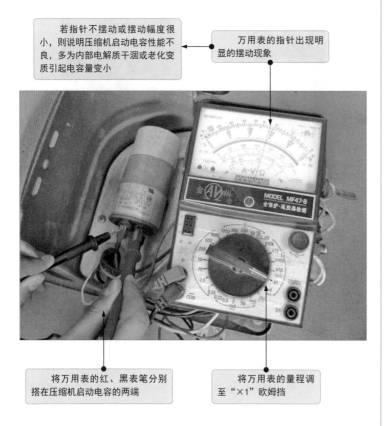

将万用表的红、黑表笔分别搭在压缩机启动电容的两端

将万用表的量程调至"×1"欧姆挡

图9-35　使用指针万用表检测压缩机启动电容

2 压缩机启动电容的代换

若经检测确定压缩机启动电容损坏，则需要对损坏的压缩机启动电容进行代换。

图9-36为压缩机启动电容的拆卸。

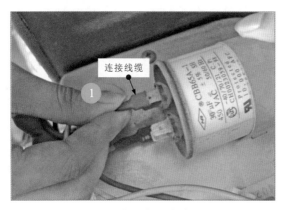

连接线缆

①

图9-36　压缩机启动电容的拆卸

压缩机启动电容通过固定螺钉固定在室外机电路板上

① 观察待拆卸压缩机启动电容的安装及连接关系。拆卸时，先将压缩机启动电容与其他部件之间的连接线缆拔下。

划重点

2 用螺钉旋具拧下压缩机启动电容金属固定环上的螺钉。

3 用手抬起金属固定环，将压缩机启动电容取下。

金属固定环

取下的压缩机启动电容实物外形

图9-36 压缩机启动电容的拆卸（续）

将损坏的压缩机启动电容拆下后，根据规格参数、体积大小等选择合适的压缩机启动电容件进行代换。

图9-37为压缩机启动电容的选配方法。

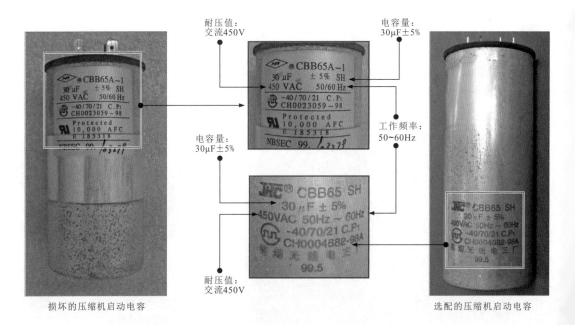

损坏的压缩机启动电容

选配的压缩机启动电容

耐压值：交流450V

电容量：30μF±5%

电容量：30μF±5%

工作频率：50~60Hz

耐压值：交流450V

图9-37 压缩机启动电容的选配方法

图9-38为压缩机启动电容的代换方法。

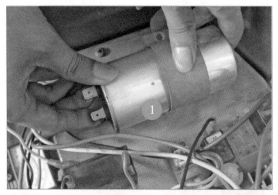

连接线缆

图9-38 压缩机启动电容的代换方法

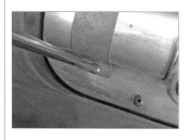

1 抬起金属固定环，将新的压缩机启动电容安装在金属固定环内。按压金属固定环，使用螺钉旋具拧紧金属固定环上的固定螺钉。

2 将压缩机启动电容与其他部件之间的连接线缆重新插接。

3 检查连接固定无误后，通电试机，空调器压缩机启动正常，停机后，安装室外机外壳，代换完成。

9.6 空调器温度传感器的检修

9.6.1 空调器温度传感器的功能特点

空调器室内机通常设有两个温度传感器，即室内温度传感器和管路温度传感器。图9-39为室内温度传感器。

温度传感器是指对温度进行感应，并将感应的温度变化情况转换为电信号的功能部件。

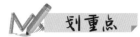

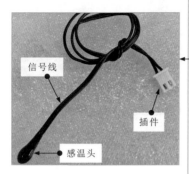

信号线

插件

感温头

蒸发器

室内温度
传感器

室内温度传感器的感温头安装在蒸
发器的表面，用于检测房间内的温度

图9-39　室内温度传感器

图9-40为管路温度传感器。

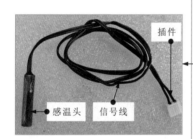

插件

感温头　信号线

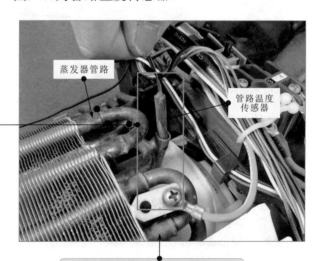

蒸发器管路

管路温度
传感器

管路温度传感器的感温头贴装在蒸发器
管路上，主要用于检测蒸发器管路的温度

图9-40　管路温度传感器

多说两句！

　　室内温度传感器和管路温度传感器通过信号线和插件与主控
电路关联，将感测的室内温度信号、蒸发器的温度信号送入微处
理器，经微处理器处理后，调节空调器的当前运行状态。
　　温度传感器实质上是一种热敏电阻器，利用热敏电阻器的阻
值随温度变化而变化的特性测量温度及与温度有关的参数，并将
参数的变化量转换为电信号送入控制部分，实现自动控制。

图9-41是温度传感器的功能原理。

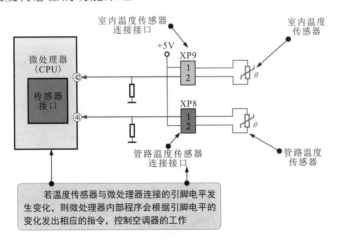

图9-41 温度传感器的功能原理

9.6.2 空调器温度传感器的检修代换

1 温度传感器的检测

若温度传感器损坏或异常，通常会引起空调器不工作、空调器室外机不运行等故障。图9-42为温度传感器的检测示意图。

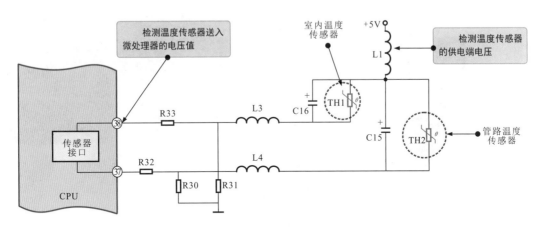

图9-42 温度传感器的检测示意图

由于室内温度传感器和管路温度传感器均有一个引脚经电感器后与+5V供电电压连接，因此在正常情况下，两个温度传感器的供电端电压应为+5V，否则应判断温度传感器开路。

另外一个引脚连接在电阻器分压电路的分压点上，并将该电压送入微处理器，在正常情况下，室内温度传感器送给微处理器的电压应为2V左右，管路温度传感器送给微处理器的电压应为3V左右，温度变化，电压也变化，范围为0.55～4.5V，否则说明温度传感器异常。

多说两句!

图9-43为温度传感器供电端和输出侧电压（送入微处理器的电压）的在路检测方法。

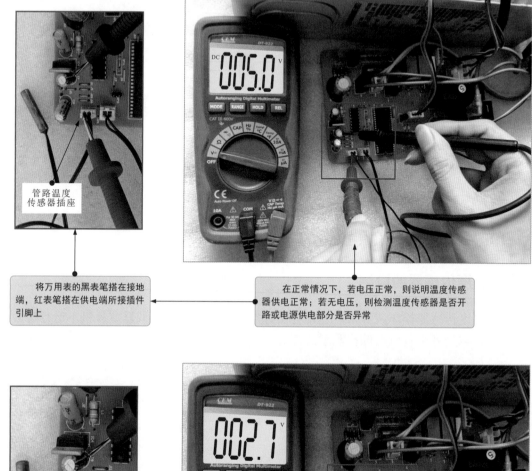

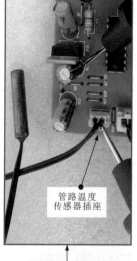

管路温度
传感器插座

将万用表的黑表笔搭在接地端，红表笔搭在供电端所接插件引脚上

在正常情况下，若电压正常，则说明温度传感器供电正常；若无电压，则检测温度传感器是否开路或电源供电部分是否异常

管路温度
传感器插座

将万用表的黑表笔搭在接地端，红表笔搭在输出侧插件引脚上

温度传感器工作时，将温度的变化信号转换为电信号，经插座、电阻器后送入微处理器的相关引脚，可用万用表的直流电压挡检测送入微处理引脚的电压，在正常情况下，应可测得2～3V的电压。

图9-43 温度传感器供电端和输出侧电压（送入微处理器的电压）的在路检测方法

若温度传感器的供电电压正常，插座分压点的电压为0V，则多为温度传感器损坏，应进行更换。一般来说，若温度传感器信号输入到微处理器引脚的电压高于4.5V或低于0.5V，都可以判断为温度传感器损坏。另外，温度传感器外接分压电阻开路也会引起空调器不工作或开机报温度传感器故障代码的情况。

开路检测温度传感器是指将温度传感器与电路分离，在不加电的情况下，在不同的温度状态（常温和高温）时，通过检测温度传感器的阻值变化情况判断好坏。图9-44为在开路状态下检测管路温度传感器的方法。

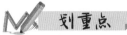

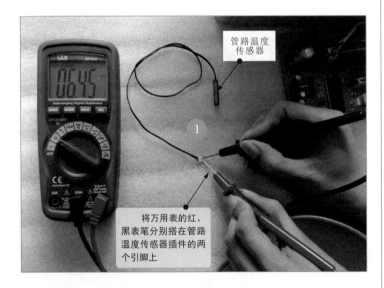

管路温度传感器

将万用表的红、黑表笔分别搭在管路温度传感器插件的两个引脚上

① 在常温下，对管路温度传感器进行检测，即将管路温度传感器放置在室内环境下，用万用表的电阻挡检测阻值。

在常温下，管路温度传感器的阻值为6.45kΩ

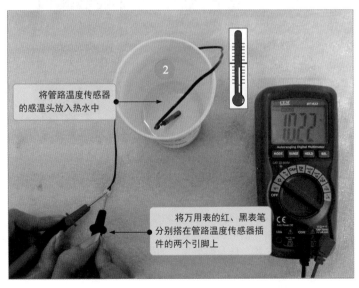

将管路温度传感器的感温头放入热水中

将万用表的红、黑表笔分别搭在管路温度传感器插件的两个引脚上

② 在高温下检测管路温度传感器时，可以人为提高管路温度传感器的环境温度，如用水杯盛些热水，并将管路温度传感器的感温头放入水杯中，再用万用表进行检测。

在高温环境下，管路温度传感器的阻值为1.022kΩ

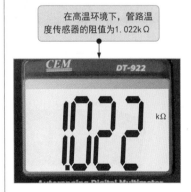

图9-44　在开路状态下检测管路温度传感器的方法

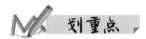

1 在常温下，对室内温度传感器进行检测，即将室内温度传感器放置在室温环境下，用万用表的电阻挡检测阻值。

> 在室温环境下，室内温度传感器的阻值为6.18kΩ

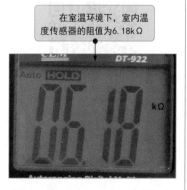

2 在高温下检测室内温度传感器时，可以人为提高室内温度传感器的环境温度，如用水杯盛些热水，并将室内温度传感器的感温头放入水杯中，再用万用表进行检测。

> 在高温环境下，室内温度传感器的阻值为1.87kΩ

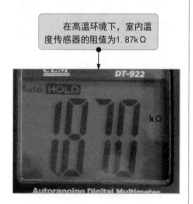

图9-45为开路状态下检测室内温度传感器的方法。

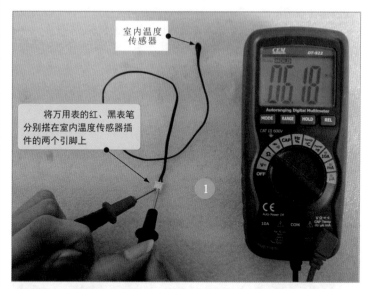

> 室内温度传感器

> 将万用表的红、黑表笔分别搭在室内温度传感器插件的两个引脚上

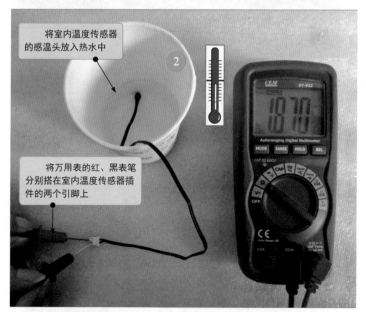

> 将室内温度传感器的感温头放入热水中

> 将万用表的红、黑表笔分别搭在室内温度传感器插件的两个引脚上

图9-45　开路状态下检测室内温度传感器的方法

　　由于当前测量的温度传感器为负温度传感器，因此在高温状态下，实测阻值相应变小。若在测量过程中，温度传感器在常温、热水和冷水中的阻值没有变化或变化不明显，则表明温度传感器工作已经失常，应及时更换。如果温度传感器在开路时检测正常，在路检测时，电压值过高或过低，就应对电路部分做进一步的检测，以排除故障。

2 温度传感器的代换

代换温度传感器，应选择同型号、同参数的温度传感器代换。

图9-46为温度传感器的代换方法。

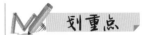

室内温度传感器

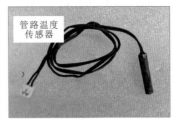

管路温度传感器

① 将新的室内温度传感器或管路温度传感器的插件插入电路板相应的插口中。

感温头

② 将感温头安装回原来的位置。

③ 将其余的部件安装好。

图9-46 温度传感器的代换方法

空调器电源电路检修

10.1 空调器电源电路原理与检修分析

10.1.1 空调器电源电路原理

空调器电源电路主要是将交流220V电压变换后，分别为室内机和室外机提供工作电压，使整机正常运行。

图10-1为空调器电源电路的工作原理。

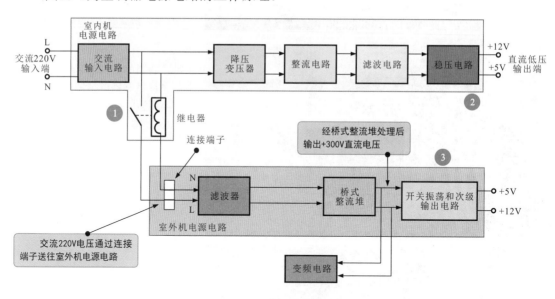

图10-1 空调器电源电路的工作原理

图10-1电路分析

1 接通电源后，交流220V电压为室内机电源电路供电，同时经继电器为室外机电源电路供电。

2 交流220V电压经降压变压器、整流电路、滤波电路、稳压电路等处理后，输出+12V、+5V电压，为室内机控制电路提供工作电压。

3 交流220V电压经滤波器、桥式整流堆整流后，输出+300V直流电压分别送往变频电路、开关振荡和次级输出电路，经处理后，输出+12V和+5V电压，为室外机控制电路及其他元器件供电。

190

室内机电源电路的原理

图10-2为室内机电源电路。该电路主要是由互感滤波器L05、降压变压器、桥式整流堆（D02、D08、D09、D10）、三端稳压器IC03（LM7805）等构成的。

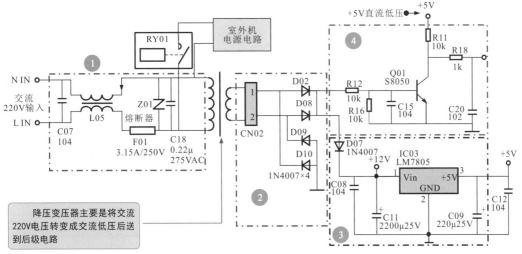

图10-2　室内机电源电路

图10-2电路分析

① 交流220V电压经滤波电容C07、互感滤波器L05、熔断器F01后，分别送入室外机电源电路和室内机电源电路中的降压变压器。

② 室内机电源电路中的降压变压器将输入的交流220V电压降压处理后输出交流低压，再经桥式整流堆及滤波电容后，输出+12V的直流电压，为其他元器件及电路板提供工作电压。

③ +12V直流电压经三端稳压器内部稳压后，输出＋5V电压，为室内机各个电路提供工作电压。

④ 桥式整流堆的输出为过零检测电路提供100Hz的脉动电压，经Q01形成100Hz脉冲作为电源同步信号送给微处理器。

图10-3为室内机电源电路中的过零检测电路。

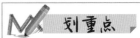

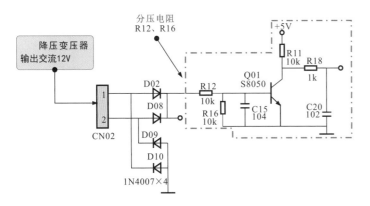

图10-3　室内机电源电路中的过零检测电路

降压变压器输出的交流12V电压经桥式整流堆整流后输出脉动电压，经R12和R16分压提供给三极管Q01，当Q01的基极电压小于0.7V（内部PN结的导通电压）时，Q01不导通；当Q01的基极电压大于0.7V时，Q01导通，从而检出一个过零脉冲信号送入微处理器的32脚，为微处理器提供电源同步信号。

2 室外机电源电路的原理

图10-4为室外机电源电路。室外机的电源是由室内机通过导线供给的，交流220V电压送入室外机后分成两路：一路经整流滤波后为变频模块供电；另一路经开关振荡和次级输出电路后形成直流低压为控制电路供电。

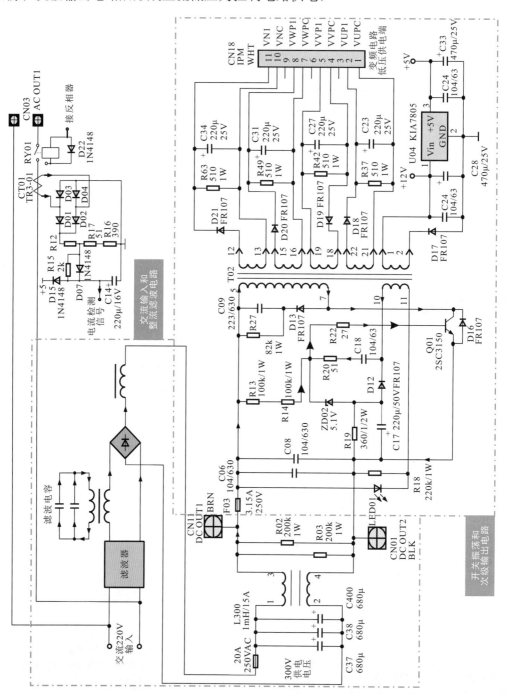

图10-4 室外机电源电路

室外机电源电路较为复杂，为了搞清工作原理，可以将室外机电源电路分为交流输入和整流滤波电路、开关振荡和次级输出电路两部分进行分析。图10-5为室外机电源电路中的交流输入和整流滤波电路部分。由图可知，该电路主要是由滤波器、电抗器、桥式整流堆等元器件构成的。

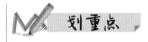

① 交流220V电压由室内机通过导线送入室外机后，经滤波器滤波，送到电抗器和滤波电容。

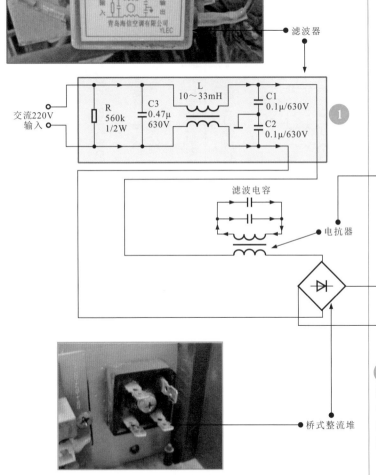

② 经电抗器和滤波电容处理后，送往桥式整流堆中整流，输出约+300V的直流电压，为室外机电源电路中的开关振荡和次级输出电路、变频电路提供工作电压。

图10-5 室外机电源电路中的交流输入和整流滤波电路部分

滤波器主要用于滤除电网对电路的干扰，同时也抑制电路对外部电网的干扰。

电抗器和滤波电容主要用于对滤波器输出的电压进行平滑滤波，为桥式整流堆提供波动较小的交流电压。

图10-6为室外机电源电路中的开关振荡和次级输出电路。该电路主要是由熔断器F02、互感滤波器、开关晶体管Q01、开关变压器T02、次级整流和滤波电路、三端稳压器U04（KIA7805）等构成的。

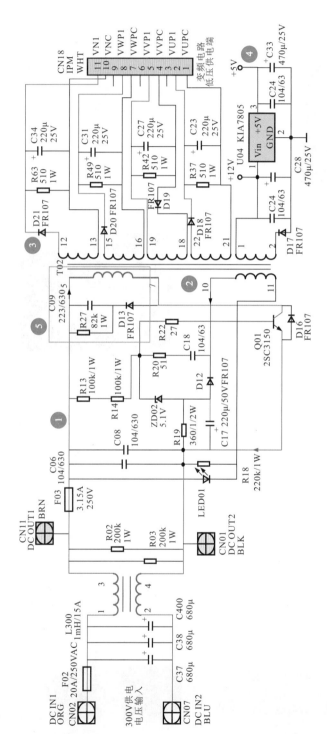

图10-6 室外机电源电路中的开关振荡和次级输出电路

图10-6电路分析

① +300V供电电压一路经滤波电容（C37、C38、C400）和互感滤波器L300滤除干扰后，送到开关变压器T02的一次侧绕组，经一次侧绕组加到开关晶体管Q01的集电极。

② 另一路+300V供电电压经启动电阻R13、R14、R22为开关晶体管Q01的基极提供启动信号，Q01开始启动，开关变压器T02的一次侧绕组（⑤脚和⑦脚）产生启动电流，并感应至T02的二次侧绕组上。其中，正反馈绕组（⑩脚和⑪脚）将感应电压经电容器C18、电阻器R20反馈到Q01的基极，使Q01进入振荡状态。

③ Q01进入振荡工作状态后，T02二次侧绕组输出多组脉冲低压，分别经整流二极管D18、D19、D20、D21整流后为控制电路供电，经D17、C24、C28整流滤波后，输出+12V电压。

④ +12V电压经三端稳压器U04稳压后，输出+5V电压，为室外机控制电路提供工作电压。

⑤ 在Q01的集电极电路中设有保护电路，也就是在开关变压器T02的一次侧绕组⑤脚、⑦脚上并联R27、C09和D13组成脉冲吸收电路，吸收在Q01截止时由线圈产生的反峰脉冲。当Q01工作在较安全的工作区，可使Q01工作在较安全的工作区，减小Q01的截止损耗。

10.1.2 空调器电源电路检修分析

检修空调器电源电路时，可依据故障现象分析产生故障的具体原因，并根据电源电路的信号流程对可能产生故障的部件逐一排查。图10-7为空调器电源电路的检修流程：首先对熔断器的性能进行检测，再对输出的直流低压进行检测。若电源电路输出的直流低压均正常，则表明电源电路正常；若输出的直流低压异常，则可顺信号流程对前级电路进行检测。

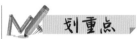

划重点

通常可采用反向检测法，即先检测电源电路的各路输出，若输出异常，再检查前级电路，直到查到故障元器件。

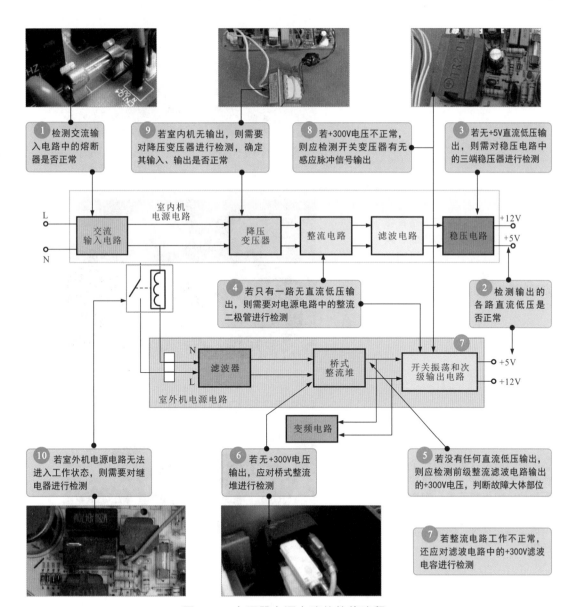

图10-7 空调器电源电路的检修流程

10.2 空调器电源电路检测实训

10.2.1 熔断器检测实训

划重点

熔断器是电源电路中的关键元器件。熔断器的检修方法有两种：一是直接观察法；二是万用表检测法。图10-8为熔断器的检测方法。

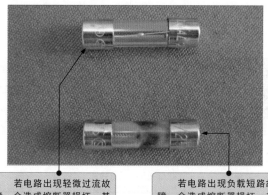

若电路出现轻微过流故障，会造成熔断器损坏，其管壁较干净

若电路出现负载短路故障，会造成熔断器损坏，其管壁较黑

① 直接观察法就是用眼睛直接观察，看熔断器是否有烧断、烧焦迹象：若管壁干净，则可能是轻微的过流故障；若管壁较黑，则可能是负载出现短路。

1

损坏的熔断器

② 熔断器可以看作是一个电阻值很小的电阻器，若测得熔断器两端的电阻值趋于零，则说明熔断器正常；若测得熔断器两端的电阻值为无穷大，则说明熔断器已损坏。

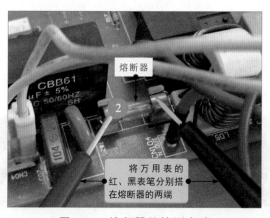

熔断器

2

将万用表的红、黑表笔分别搭在熔断器的两端

图10-8 熔断器的检测方法

10.2.2 直流低压输出检测实训

当空调器电源电路出现故障时，在确保熔断器正常的情况下，应对室内机、室外机电源电路输出的各路直流低压进行检测。

图10-9为室内机电源电路中+5V直流低压的检测方法。

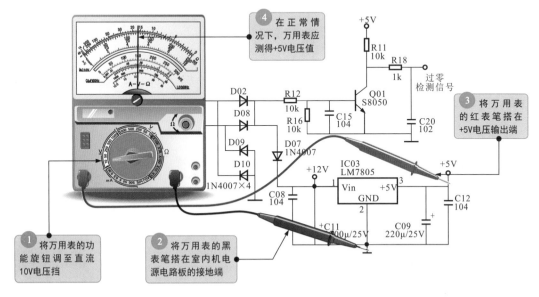

图10-9 室内机电源电路中+5V直流低压的检测方法

图10-10为通过导风板的状态判别直流电压供电是否正常。在实际维修过程中，有经验的维修人员可以通过室内机导风板的状态直接判断+12V、+5V直流低压是否正常。

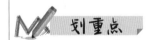

将导风板调在中间位置

图10-10 通过导风板的状态判别直流电压供电是否正常

首先将导风板调在中间位置，然后通电运行。若导风板自动关闭，则表明室内机电源电路输出的直流低压正常；若导风板没有响应，则表明有可能是室内机电源电路输出的直流低压不正常、空调器整机没有工作或控制电路没有工作。

在检测直流低压时，若输出的+12V电压正常，+5V电压不正常，则应着重检查支路部分是否有短路故障；若支路部分正常，则应重点对三端稳压器进行检测；若各路直流低压均正常，则说明电源电路正常；若直流低压不正常，则说明前级电路可能出现故障，需要进行下一步的检测。

10.2.3 三端稳压器检测实训

若电源电路中无+5V直流低压输出，则需对前级电路中的三端稳压器进行检测。图10-11为三端稳压器的检测方法。

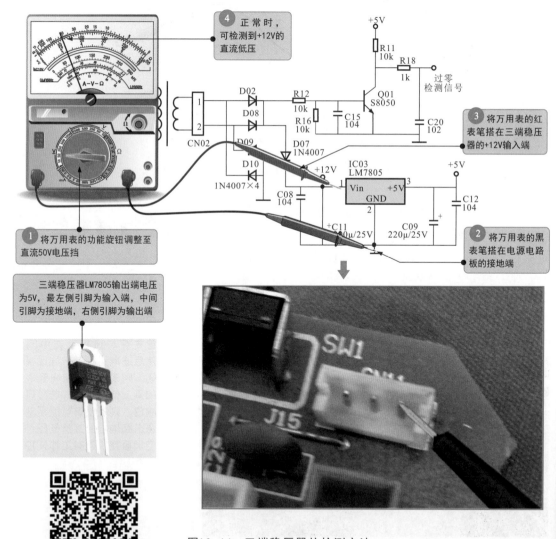

图10-11 三端稳压器的检测方法

图10-11 三端稳压器的检测方法（续）

若三端稳压器无输入电压，则表明前级电路中的主要元器件出现故障；若输入电压正常，无输出电压，则在确保负载无短路的情况下，表明该三端稳压器损坏。

值得注意的是，如果三端稳压器的输入电压正常，输出电压为0V，则有两种可能情况：一是三端稳压器本身损坏；二是负载有短路故障，导致电源电路输出直流电压对地短路。区分这两种情况可通过检测电源电路直流电压输出端的对地阻值进行判断。若测得+5V输出电压为0V，则可首先断开电源供电，然后用万用表的电阻挡检测+5V输出端的对地阻值。图10-12为+5V输出端对地阻值的检测方法。

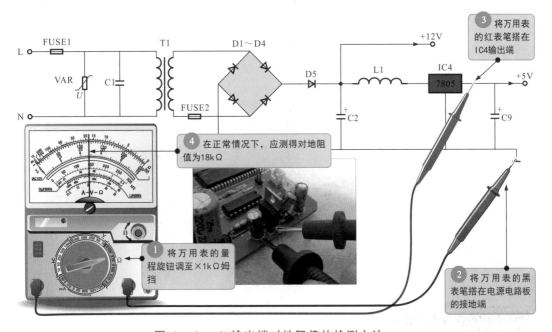

图10-12 +5V输出端对地阻值的检测方法

在空调器中，+5V输出电压主要供给微处理器、遥控接收头、温度传感器、发光二极管、室内机贯流风扇驱动电动机中的霍尔元件等。细致检测时，可逐一断开部件的供电端，如焊开微处理器的电源引脚、拔下遥控接收电路接口插件、温度传感器接口插件、显示电路板接口插件、室内机贯流风扇驱动电动机中的霍尔元件插件等。每断开一个部件，检测一次+5V对地阻值，若断开后阻值仍为0Ω，则说明该部件正常；若断开后，阻值恢复正常，则说明该部件存在短路故障。

10.2.4 整流二极管检测实训

整流二极管主要用来对输出电压进行整流。若整流二极管损坏，将导致电路无直流低压输出。图10-13为整流二极管的检测方法。

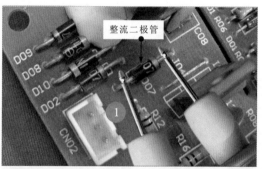

1 将万用表的量程旋钮调至×1k欧姆挡，黑表笔搭在整流二极管的正极，红表笔搭在整流二极管的负极。

2 正常时，可检测到3kΩ的阻值。

3 保持万用表的挡位不变，检测整流二极管的反向阻值：红表笔搭在整流二极管的正极，黑表笔搭在整流二极管的负极。

4 在正常情况下，可检测到反向阻值为无穷大。

图10-13　整流二极管的检测方法

在正常情况下,整流二极管的正向阻值有一固定值,反向阻值为无穷大,若实际检测与正常情况相差很大,则说明整流二极管损坏,需要进行更换。

若整流二极管损坏,通常会造成电源电路无电压输出、降压变压器一次侧绕组发烫甚至开路、贯流风扇驱动电动机运行异常(如反转、转速缓慢)等故障。

10.2.5 +300V输出电压检测实训

在室外机电源电路中,+300V输出电压是一个十分关键的参数,若无该电压,则室外机不能进入工作状态。

图10-14为+300V输出电压的检测方法。

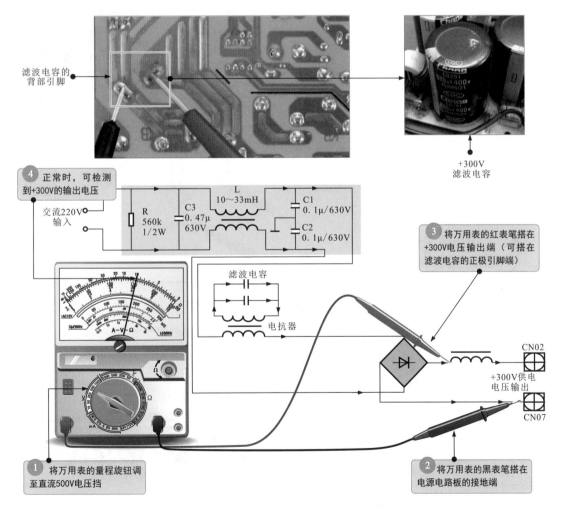

图10-14 +300V输出电压的检测方法

若+300V输出电压正常，则说明交流输入和桥式整流电路正常；若无+300V输出电压，则说明桥式整流堆或滤波电容等不良，需要进行下一步的检测。

+300V直流电压是电源电路中的关键工作电压之一，若不正常，则会造成变频电路不工作、室外机无法正常运行等故障，可重点对桥式整流堆、滤波电容及变压器进行检测。

10.2.6 桥式整流堆检测实训

桥式整流堆主要用于将220V交流电压整流后输出+300V直流电压。图10-15为室外机电源电路中桥式整流堆的检测方法。

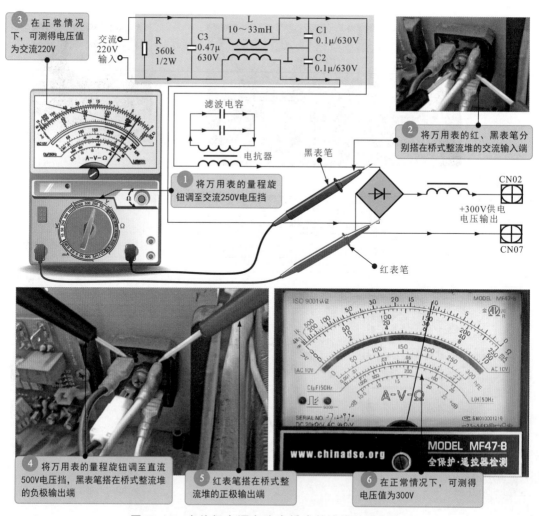

图10-15 室外机电源电路中桥式整流堆的检测方法

　　桥式整流堆有交流输入端和直流输出端，正常时，交流输入端可检测到220V的电压，直流输出端可检测到+300V的电压。若交流输入端220V电压正常，直流输出端无+300V输出，一般表明桥式整流堆损坏。

　　在空调器电源电路中，除了使用桥式整流堆对220V交流电压进行整流，还可以使用桥式整流电路进行整流，即由四个整流二极管构成的整流电路，在对桥式整流电路进行检测时，主要是对每个整流二极管进行检测，判断是否正常。

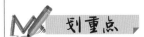

10.2.7　滤波电容检测实训

　　由桥式整流堆输出的+300V直流电压首先经过滤波电容滤波后，送到开关变压器。若+300V滤波电容损坏，也会引起电源电路不能正常工作。图10-16为+300V滤波电容的检测方法。

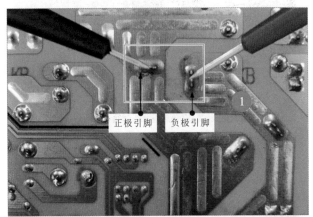

① 将万用表的量程旋钮调至×10欧姆挡，黑表笔搭在+300V滤波电容的正极，红表笔搭在+300V滤波电容的负极。

正极引脚　　负极引脚

② 正常情况下，表针有一定幅度的摆动。

图10-16　+300V滤波电容的检测方法

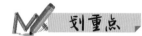

若表针没有摆动，且指示电阻值很大或趋于无穷大，则说明+300V滤波电容电解质已干涸，失去电容量。

若表针没有摆动，且指示一个很小的电阻值，则说明+300V滤波电容已被击穿短路。

10.2.8 开关变压器检测实训

若空调器室外机电源电路没有任何直流低压输出，+300V直流电压正常，则需对开关变压器的感应脉冲信号波形进行检测。

图10-17为开关变压器的检测方法。

1 接通空调器电源，将示波器的探头靠近开关变压器的磁芯部分。

2 正常时，可感应到脉冲信号波形，若无波形，则说明开关变压器未工作或已损坏。

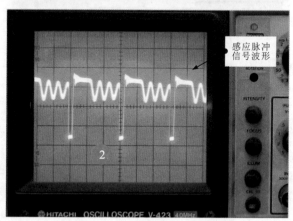

图10-17 开关变压器的检测方法

由于开关变压器输出的脉冲电压很高，所以采用感应法判断开关变压器是否工作是目前普遍采用的一种简便方法。若检测时有感应脉冲信号，则说明开关变压器工作正常，否则说明开关变压器已损坏。

10.2.9 降压变压器检测实训

降压变压器是室内机电源电路中的主要部件之一，若桥式整流电路正常，空调器仍无法正常工作，就需要对降压变压器进行检测。

图10-18为降压变压器的检测方法。

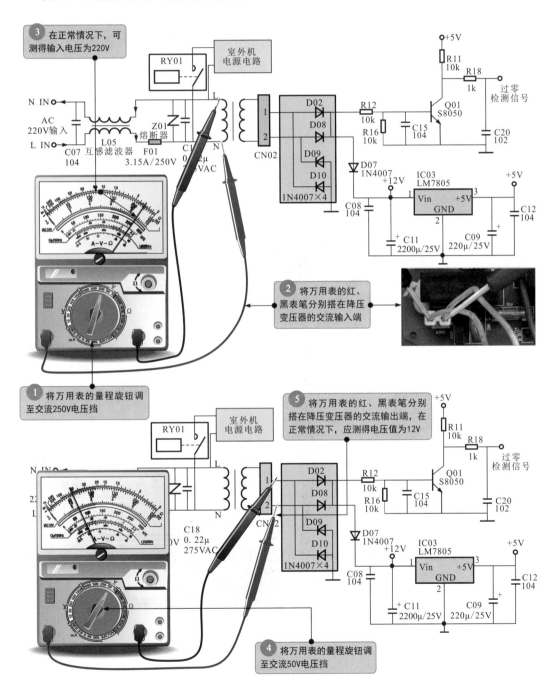

图10-18　降压变压器的检测方法

检测降压变压器时，除了可以检测输入、输出电压，还可以使用万用表检测其一次侧和二次侧绕组间的阻值。若一次侧、二次侧绕组间的阻值为无穷大，则表明该绕组开路；若阻值为零，则表明该绕组短路。当确认降压变压器损坏时，应及时进行更换。更换时，应使用参数匹配的降压变压器，如输出电压、功率等，除此之外，还应选取连接插件相符的降压变压器，方便连接固定。

10.2.10 继电器检测实训

继电器主要是用来控制室外机的得电状态，若损坏，会造成室外机没有供电电压，从而无法正常工作。图10-19为继电器的检测方法。

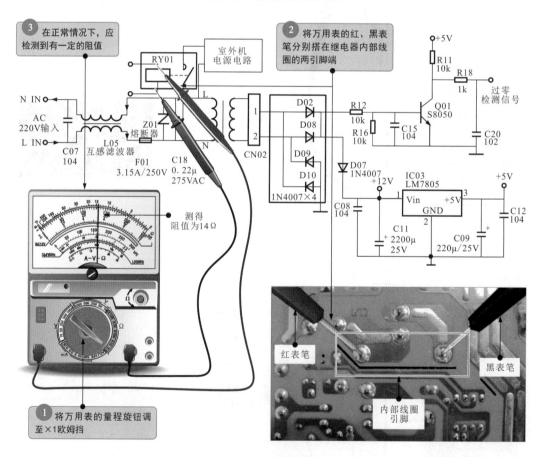

图10-19 继电器的检测方法

若测得继电器内部线圈有一定的阻值，则说明该继电器可能正常；若测得的阻值趋于无穷大，则说明该继电器已经断路损坏，需要使用同型号的继电器进行更换。

第11章

空调器控制电路检修

11.1 空调器控制电路原理与检修分析

11.1.1 空调器控制电路原理

空调器控制电路主要用于控制整机协调运行。空调器的室内机和室外机都设有独立的控制电路，之间用电源线和信号线连接，可完成供电和相互交换信息（室内机、室外机的通信），控制室内机和室外机各部件协调工作。图11-1为空调器控制电路的工作原理。

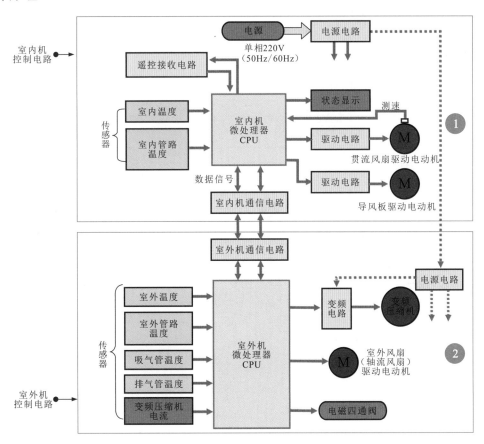

图11-1 空调器控制电路的工作原理

图11-1电路分析

① 空调器工作时，室内机微处理器接收各路传感器送来的检测信号，包括遥控器指定运转状态的控制信号、室内温度信号、室内管路温度信号（蒸发器管路温度信号）、室内机风扇驱动电动机转速的反馈信号等，经运算处理后，便发出控制指令，如室内机风扇驱动电动机转速控制信号、变频压缩机运转频率控制信号、显示部分控制信号（主要用于故障诊断）、室外机传送信息用的串行数据信号等。

② 室外机微处理器接收传感器送来的检测信号，包括来自室内机的串行数据信号、电流检测信号、吸气管温度信号、排气管温度信号、室外温度信号、室外管路（冷凝器管路）温度信号等，经运算处理后，发出控制指令，如室外机风扇驱动电动机的转速控制信号、变频压缩机运转控制信号、电磁四通阀的切换信号、各种安全保护监控信号、用于故障诊断的显示信号及控制室内机除霜的串行信号等。

1 室内机控制电路原理

图11-2为室内机控制电路。

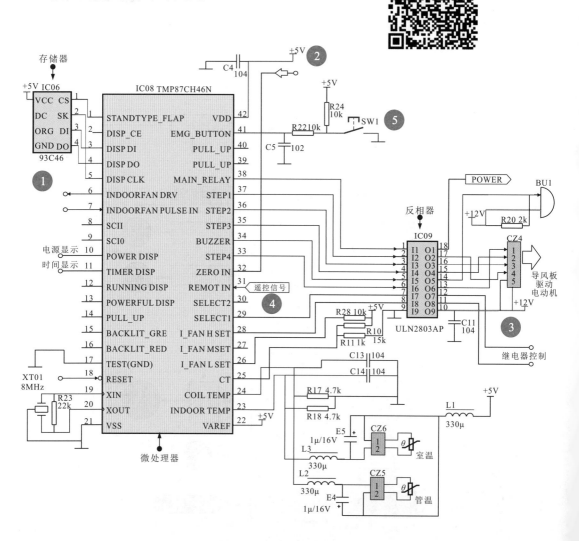

图11-2　室内机控制电路

图11-2电路分析

1 接通电源后，由电源电路送来的+5V直流电压为微处理器IC08和存储器IC06提供工作电压。

2 微处理器IC08的㊷脚和㉒脚为+5V供电端，存储器IC06的⑧脚为+5V供电端。

3 +12V直流电压为反相器IC09、蜂鸣器BU1等供电。

4 微处理器IC08的㉛脚外部遥控接收电路可接收遥控器发来的控制信号。

5 IC08的㊶脚外接应急开关，可以直接接收用户强行启动的开关信号。

开机时，微处理器的电源供电电压由0V上升到+5V，在这个过程中，启动程序有可能出现错误，需要在电源供电电压稳定之后再启动程序，这个任务是由复位电路来实现的。图11-3为室内机微处理器的复位电路。

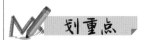

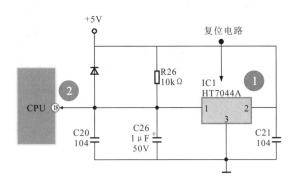

图11-3 室内机微处理器的复位电路

复位信号比开机信号有一定的延时，防止在电源供电未稳定状态下CPU启动。复位信号送达后，微处理器启动，内部程序进行初始化操作，空调器才可以正常运行。

图11-4为简单的复位电路。

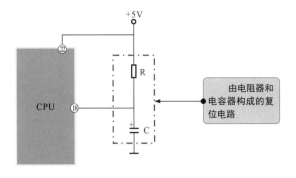

图11-4 简单的复位电路

1 IC1是复位电路：②脚为电源供电端；①脚为复位信号输出端，当+5V加到②脚时，经IC1延迟后，由①脚输出复位电压，该电压经C20、C26滤波后，加到CPU的复位端⑱脚。

2 在开机瞬间，复位电路为微处理器的复位端提供一个0～5V的电压跳变。

复位电路主要是由电阻器和电容器构成的，当+5V供电电压经电阻器为电容器充电时，电容器上的电压由0V上升到+5V，该过程可实现延时功能（一般为几十毫秒），当电压超过4.3V时，复位引脚端产生一个复位电压，该电压是满足微处理器正常工作的基本条件之一。

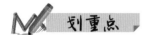

在微处理器内部设有时钟振荡电路，与外部陶瓷谐振器构成时钟电路，为整个电路提供同步时钟信号，如图11-5所示。

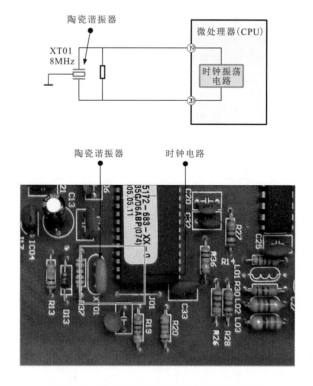

陶瓷谐振器可产生8MHz的时钟晶振信号，该信号是微处理器IC08正常工作必需的三大条件之一。

图11-5　室内机控制电路中的时钟电路

图11-6为室内机控制电路中的存储器电路。工作时，微处理器将用户设定的工作模式、温度、制冷、制热等数据信息存入存储器，通过串行数据总线SDA和串行时钟总线SCL存入和取出。

微处理器IC08的①脚、③脚、④脚和⑤脚与存储器IC06的①脚、②脚、③脚和④脚相连，分别为片选信号（CS）、数据输入（DI）、数据输出（DO）和时钟信号（SK）。

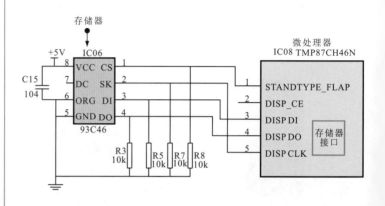

图11-6　室内机控制电路中的存储器电路

图11-7为室内机控制电路中贯流风扇驱动电动机的驱动电路。

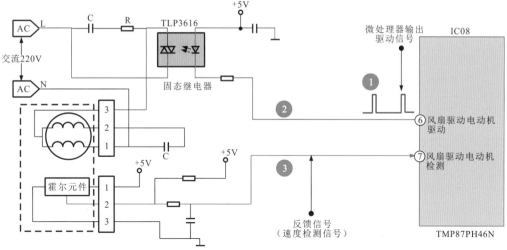

图11-7 室内机控制电路中贯流风扇驱动电动机的驱动电路

图11-7电路分析

① 微处理器IC08的⑥脚输出贯流风扇驱动电动机的驱动信号，⑦脚输入反馈信号（贯流风扇驱动电动机速度检测信号）。

② 当微处理器IC08的⑥脚输出贯流风扇驱动电动机的驱动信号时，固态继电器TLP3616内的发光二极管发光，晶闸管导通。交流输入电路的L端（相线）经晶闸管与贯流风扇驱动电动机的公共端相连，交流输入电路的N端（零线）与贯流风扇驱动电动机的运行绕组端相连，当晶闸管导通时，贯流风扇驱动电动机启动，带动贯流风扇运转。

③ 贯流风扇驱动电动机的霍尔元件将检测到的贯流风扇驱动电动机的速度信号送入微处理器IC08的⑦脚，微处理器IC08根据接收到的速度信号，对贯流风扇驱动电动机的运转速度进行调节。

由于固态继电器中双向晶闸管所加的是交流220V电压，电流方向是交替变化的，因此每半个周期就要对晶闸管触发一次才能维持连续供电。改变触发脉冲的相位关系，可以控制供给电动机的能量，从而改变运转速度。图11-8为交流供电和触发脉冲的相位关系。

多说两句！

贯流风扇驱动电动机的转速是由内部的霍尔元件进行检测的。霍尔元件是一种磁感应元件，受到磁场作用时会输出电信号。在转子上装有小磁体，当转子旋转时，磁体会随之转动，霍尔元件的输出信号与贯流风扇驱动电动机的转速成正比。该信号被送到IC08的⑦脚，为贯流风扇驱动电动机提供转速信号。

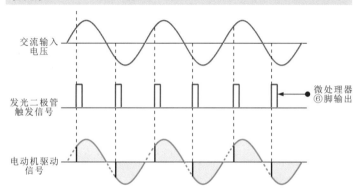

图11-8 交流供电和触发脉冲的相位关系

划重点

① 微处理器IC08的㉝脚～㊲脚输出导风板驱动电动机驱动信号，经反相器IC09后，控制导风板驱动电动机工作。

② 驱动导风板摆动的导风板驱动电动机又称叶片电动机。这种电动机一般采用步进电动机。步进电动机采用脉冲信号的驱动方式，一定周期的驱动脉冲会使其旋转一个角度。

③ 反相器的输入端用来接收微处理器送来的信号，经反相处理（如输入引脚的电压为5V，则输出引脚为0.2V）后，由输出端输出驱动信号。

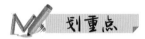

图11-9为空调器导风板驱动电动机的驱动电路。直流+12V电压接到导风板驱动电动机两组线圈的中心抽头上。微处理器经反相放大器控制线圈的4个引出脚，当某一引脚为低电平时，该脚所接线圈便会有电流流过。如果按一定的规律控制线圈的电流，就可以实现规定的旋转角度和旋转方向。

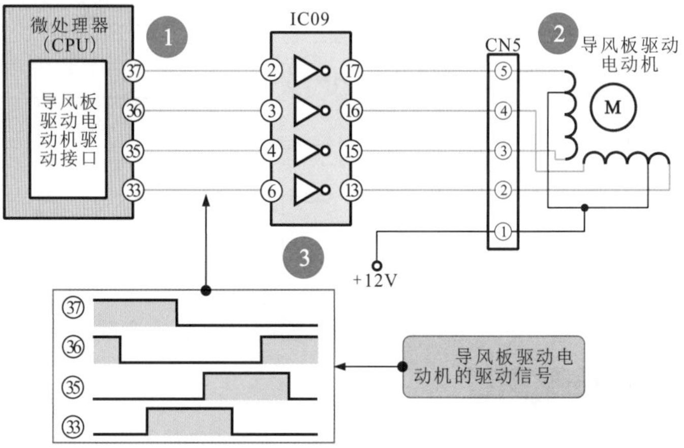

图11-9 空调器导风板驱动电动机的驱动电路

图11-10为室内机控制电路中的传感器接口电路。

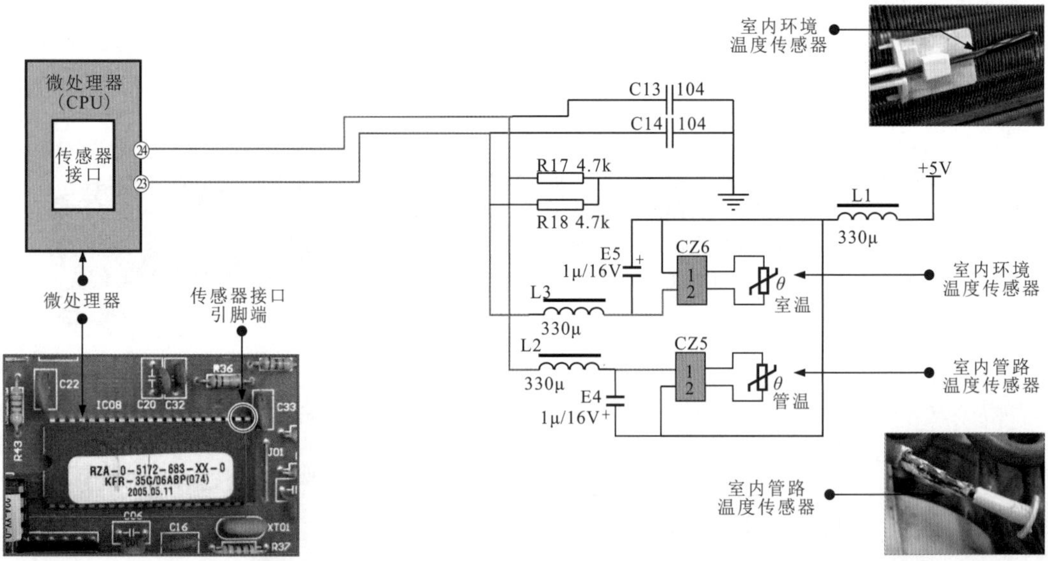

图11-10 室内机控制电路中的传感器接口电路

传感器接口电路中，温度传感器连接在插件CZ6、CZ5上，将温度的变化变成直流电压的变化，送入微处理器（CPU）的㉓脚、㉔脚，微处理器根据接收的温度检测信号输出相应的控制指令。

2 室外机控制电路原理

图11-11为室外机控制电路。

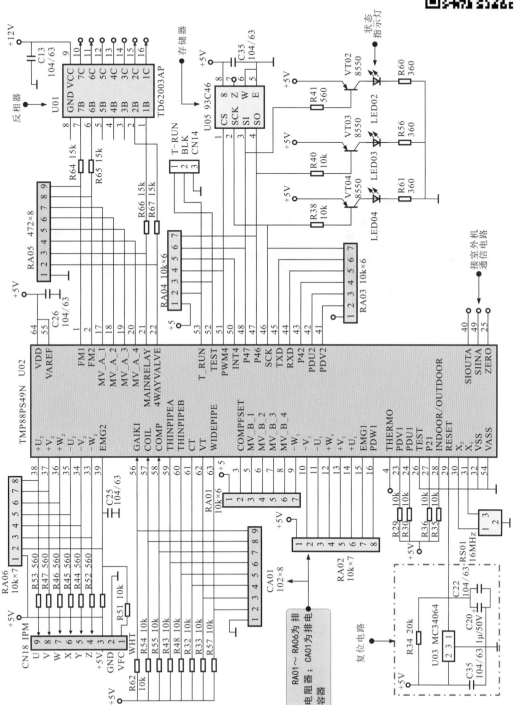

图11-11 室外机控制电路

室外机控制电路由供电电路、复位电路、时钟电路、存储器电路、轴流风扇驱动电动机电路、电磁四通阀控制电路、传感器接口电路及变频器接口电路等构成。

空调器开机后，由室外机电源电路送来的+5V直流电压，为变频空调器室外机控制电路部分的微处理器U02及存储器U05提供工作电压。其中，微处理器U02的⑤脚和⑥④脚为+5V供电端，存储器U05的⑧脚为+5V供电端。

室外机控制电路得到工作电压后，由复位电路U03为微处理器提供复位信号，微处理器开始工作；同时，陶瓷谐振器RS01（16MHz）与微处理器内部振荡电路构成时钟电路，为微处理器提供时钟信号。

存储器U05（93C46）用于存储室外机系统运行的一些状态参数，如变频压缩机的运行曲线数据、变频电路的工作数据等。存储器在②脚（SCK）的作用下，通过④脚将数据输出，③脚输入运行数据，室外机的运行状态通过状态指示灯（LED02～LED04）指示出来。

图11-12为室外机控制电路中的轴流风扇驱动电动机控制电路。

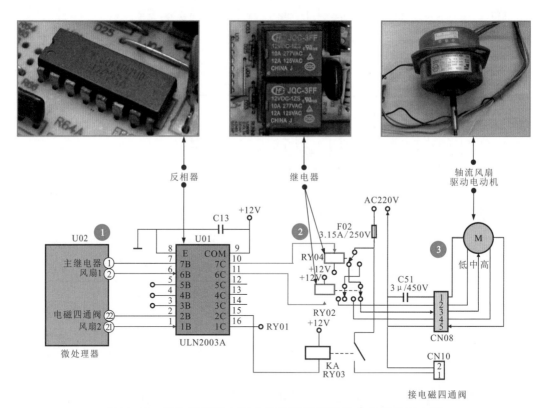

图11-12　室外机控制电路中的轴流风扇驱动电动机控制电路

图11-12电路分析

❶ 微处理器U02经反相器U01（ULN2003A）的①脚、⑥脚输送驱动信号。

❷ 反相器接收驱动信号后，控制继电器RY02和RY04导通或截止。

❸ 继电器的导通或截止直接控制轴流风扇驱动电动机的转速，实现低、中和高速运转。

图11-13为室外机控制电路中的电磁四通阀控制电路。电磁四通阀线圈的供电是由微处理器控制的。微处理器的控制信号经过反相放大器后驱动继电器，从而控制电磁四通阀动作，实现空调器制冷、制热的切换。

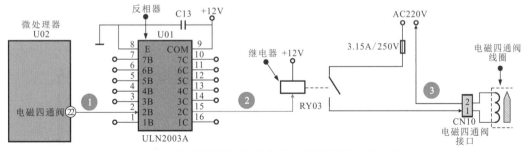

图11-13 室外机控制电路中的电磁四通阀控制电路

图11-13电路分析

① 在制热状态时，室外机微处理器U02输出控制信号，送入反相器U01（ULN2003A）的②脚。

② 微处理器送来的信号经反相器放大后，由⑮脚输出，使继电器RY03工作。

③ 继电器的触点闭合，为电磁四通阀供电，并对内部电磁导向阀阀芯的位置进行控制，进而改变制冷剂的流向。

图11-14为室外机控制电路中的传感器接口电路。传感器接口电路主要用于处理由各种传感器送来的控制信号，并根据该信号输出相应的控制信号。

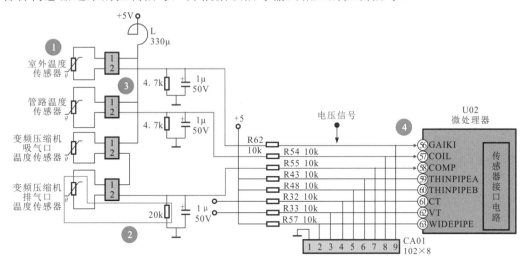

图11-14 室外机控制电路中的传感器接口电路

图11-14电路分析

① 温度传感器实际上就是热敏电阻器，其阻值随温度的变化而变化。

② 温度传感器与接地电阻构成分压电路，分压点的电压值根据温度的变化而变化。

③ 温度传感器通过引线和插头接到室外机控制电路板上，经接插件分别与直流电压+5V和接地电阻相连，并加到微处理器传感器接口电路引脚端。

④ 在微处理器传感器接口电路中，由温度传感器送来的电压信号经A/D转换器将模拟电压量变成数字量，由微处理器进行比较判别，以确定对其他部件的控制。

图11-15为温度传感器的信号处理过程。在室外机中设有一些温度传感器为室外机微处理器提供工作状态信息，如室外温度传感器、管路温度传感器及变频压缩机吸气口、排气口温度传感器等。这些传感器将温度变化通过电路转换成电压信号，送往微处理器中处理。

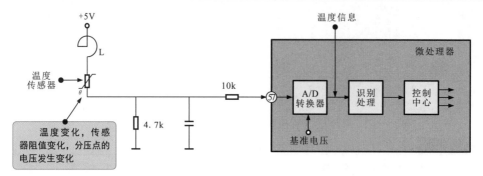

图11-15　温度传感器的信号处理过程

图11-16为室外机控制电路中的电压检测和电流检测电路。

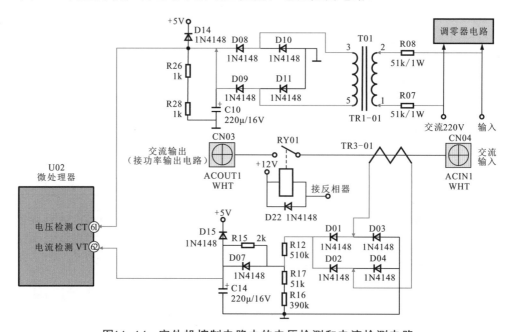

图11-16　室外机控制电路中的电压检测和电流检测电路

交流220V电压经电压检测变压器检测，再经二极管（D08～D11）整流滤波后，变成直流电压送入微处理器的⑥脚，由微处理器判断室外机供电电压是否正常。

电流检测电路通过电流检测变压器判断交流220V供电电压是否正常。

电源供电线路中有电流，会使电流检测变压器的检测绕组感应出电压，该电压与电流成正比，经桥式整流堆整流后，送入微处理器的⑥脚，由微处理器对电压检测信号分析处理，从而判别电流是否在正常范围内，如有过流情况，则对室外机进行保护控制。

11.1.2 空调器控制电路检修分析

　　控制电路不正常会引起空调器出现不启动、制冷/制热异常、控制失灵、操作或显示不正常等故障，检修时，应首先采用观察法检查控制电路中主要元器件有无明显损坏、脱焊、插口不良等，如出现上述情况，应立即更换或检修损坏的元器件，若从表面无法观察到故障点，则需要根据控制电路的信号流程及故障特点对可能引起故障的工作条件或主要元器件进行逐一排查。

　　图11-17为空调器控制电路的检修流程。

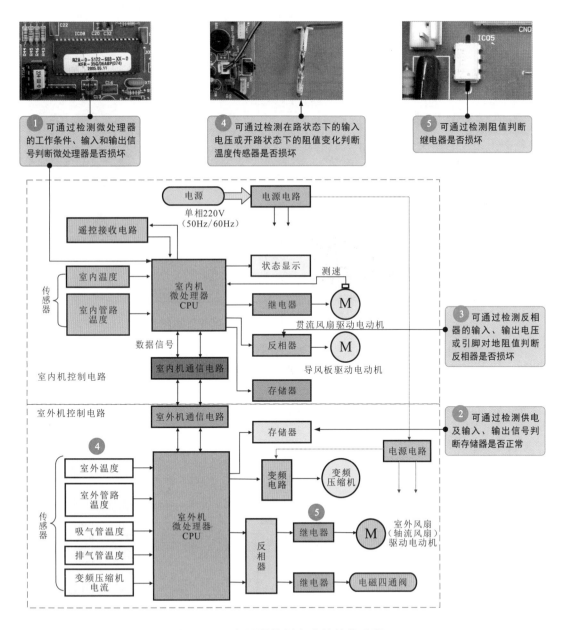

图11-17　空调器控制电路的检修流程

11.2 空调器控制电路检测实训

11.2.1 微处理器检测实训

微处理器是控制电路的核心部件。若损坏，将直接导致空调器不工作、控制功能失常等故障。一般对微处理器的检测包括三个方面，即检测输出的信号、工作条件及输入信号。图11-18为贯流风扇驱动电动机驱动信号的检测方法。

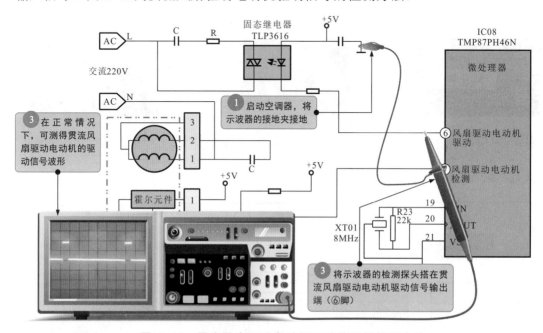

图11-18 贯流风扇驱动电动机驱动信号的检测方法

若工作条件正常，有输入信号，无输出或输出信号异常，均说明微处理器故障。

空调器室外机微处理器与室内机微处理器的控制对象不同，因此所输出的控制信号也有所区别。室外机微处理器输出的控制信号主要包括轴流风扇驱动电动机驱动信号和电磁四通阀控制信号，检测训练如图11-19所示。

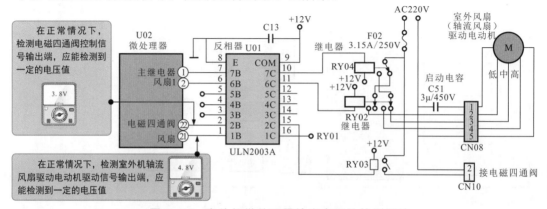

图11-19 室外机微处理器输出电压的检测训练

　　微处理器正常工作需要满足一定的工作条件，包括直流供电电压、复位信号和时钟信号。若其中一个条件不正常，则微处理器不能正常工作，会造成空调器开机后无反应的故障现象。下面以检测室内机微处理器的工作条件为例进行介绍。

　　图11-20为微处理器工作条件的检测方法。

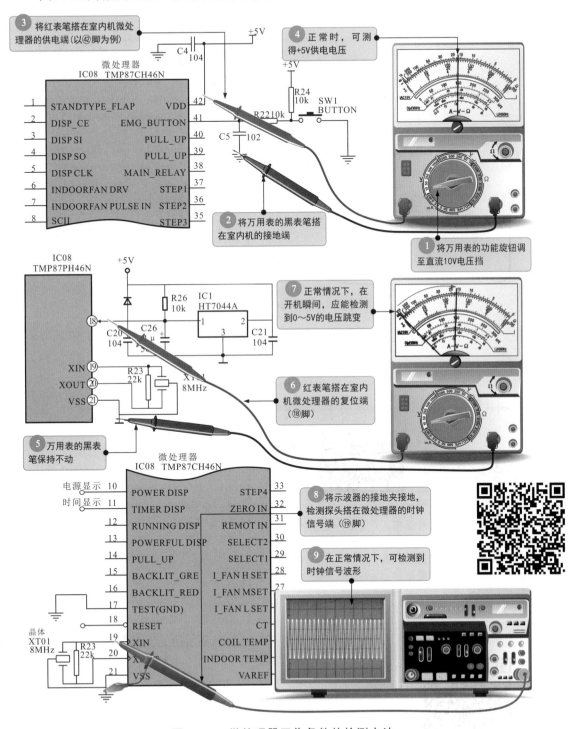

图11-20　微处理器工作条件的检测方法

若时钟信号异常，则可能为陶瓷谐振器损坏，也可能为微处理器内部振荡电路损坏，可进一步用万用表粗略检测陶瓷谐振器的性能是否正常。图11-21为陶瓷谐振器的检测方法。

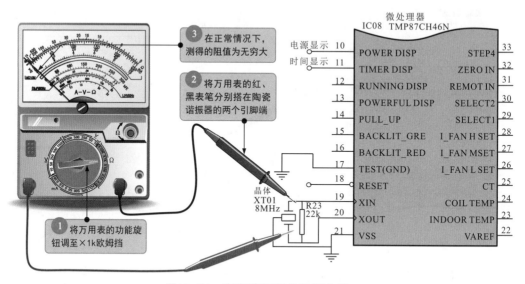

图11-21　陶瓷谐振器的检测方法

若微处理器的工作条件均正常，输出不正常，则还应进一步对微处理器的输入信号进行检测。图11-22为微处理器输入信号（遥控信号）的检测方法。

划重点

若微处理器输入信号正常，工作条件也正常，无任何输出信号，则说明微处理器已损坏，需要更换；若输入控制信号正常，某一项控制功能失常，即某一路控制信号输出异常，则多为微处理器相关引脚外围元器件（如继电器、反相器等）失常。

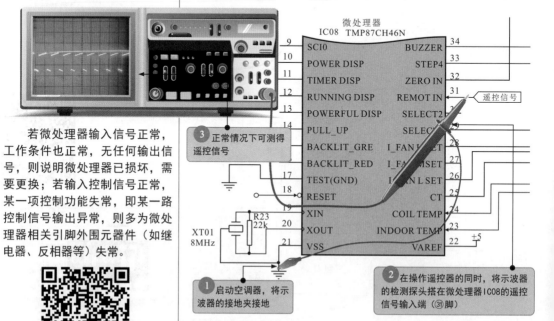

图11-22　微处理器输入信号（遥控信号）的检测方法

11.2.2 存储器检测实训

存储器用来存储用户的个人信息。若存储器损坏，则很可能导致微处理器控制功能紊乱等故障。图11-23为存储器的检测方法。

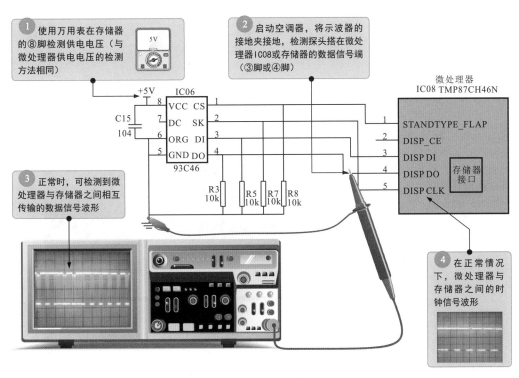

图11-23 存储器的检测方法

除了上述检测方法，也可以在断电状态下，通过检测正、反向对地阻值判断存储器的好坏，如图11-24所示。在正常情况下，若实测阻值与标准值差异过大，则可能是存储器损坏。

多说两句！

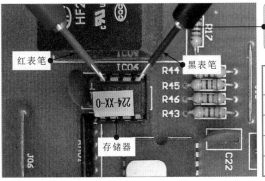

断开空调器电源后，将万用表的黑表笔搭在接地端，红表笔分别搭在存储器的各引脚上，检测正向阻值；对换表笔后，检测反向阻值

引脚	正向阻值（kΩ）	反向阻值（kΩ）	引脚	正向阻值（kΩ）	反向阻值（kΩ）
①	5	8	⑤	0	0
②	5	8	⑥	0	0
③	5	8	⑦	∞	∞
④	4.5	7.5	⑧	2	2

图11-24 室内机微处理器外部存储器（93C46）各引脚的正、反向阻值

11.2.3 反相器检测实训

若反相器损坏，将直接导致空调器室内机贯流风扇驱动电动机、室外机轴流风扇驱动电动机、电磁四通阀、压缩机及其他功能部件失常。

判断反相器是否损坏时，可使用万用表对其各引脚的对地阻值进行检测，如图11-25所示。

❶ 将万用表的量程旋钮调至×100欧姆挡，黑表笔搭在反相器的接地引脚端（⑧脚），红表笔依次搭在反相器的各引脚上，测其各引脚的对地阻值。

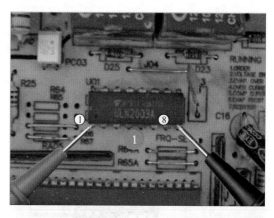

❷ 在正常情况下，反相器各引脚的对地阻值应为一个固定值。

图11-25 反相器的检测方法

若检测出的阻值与正常值偏差较大，则说明反相器已损坏，需进行更换。正常时，测得反相器ULN2003各引脚的对地阻值见表11-1。

表11-1 反相器ULN2003各引脚的对地阻值

引脚	对地阻值	引脚	对地阻值	引脚	对地阻值	引脚	对地阻值
①	500 Ω	⑤	500 Ω	⑨	400 Ω	⑬	500 Ω
②	650 Ω	⑥	500 Ω	⑩	500 Ω	⑭	500 Ω
③	650 Ω	⑦	500 Ω	⑪	500 Ω	⑮	500 Ω
④	650 Ω	⑧	接地	⑫	500 Ω	⑯	500 Ω

检测反相器时，除了可检测各引脚的对地阻值，还可以在通电状态下，检测输入引脚和对应输出引脚的电压值。通常，在没有负载的情况下，输入引脚应为低电平，输出引脚应为高电平；在有负载的情况下，输入引脚应为高电平，输出引脚应为低电平。

若检测结果与该情况不符，则表明反相器可能损坏，可造成蜂鸣器不发声、继电器不工作等故障现象。

11.2.4 继电器检测实训

继电器的通、断状态决定被控部件与电源的通、断状态。若继电器功能失常或损坏，将直接导致空调器某些功能部件不工作或某些功能失常。图11-26为固态继电器的检测方法。

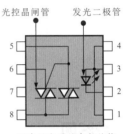

固态继电器的内部结构

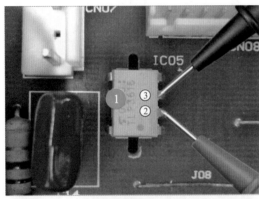

① 将万用表的黑表笔搭在③脚，红表笔搭在②脚，检测固态继电器内部发光二极管的正向阻值，正常情况下，可测得阻值约为6kΩ。

② 将万用表的黑表笔搭在⑧脚，红表笔搭在⑥脚，检测固态继电器内部光控晶闸管的阻值，正常情况下，可测得阻值为无穷大。

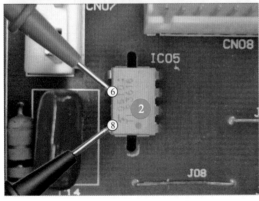

图11-26 固态继电器的检测方法

若检测出的阻值与正常值偏差较大，则说明固态继电器损坏，需要更换。

第12章

空调器遥控电路检修

12.1 空调器遥控电路原理与检修分析

12.1.1 空调器遥控电路原理

空调器遥控电路接收遥控器送来的人工指令,并将接收到的红外光信号转换成电信号,送给室内机控制电路执行相应的指令。图12-1为空调器遥控电路。

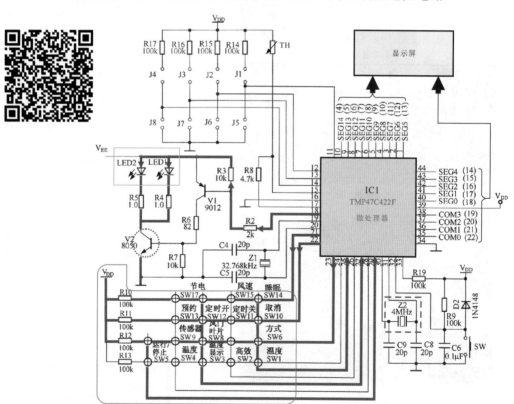

图12-1 空调器遥控电路

用户通过遥控器的操作按键(SW1~SW17)输入人工指令。该指令经微处理器处理形成控制指令后,经数字编码和调制驱动红外发光二极管,红外发光二极管通过辐射窗口将控制信号发射出去。遥控器工作过程如图12-2所示。

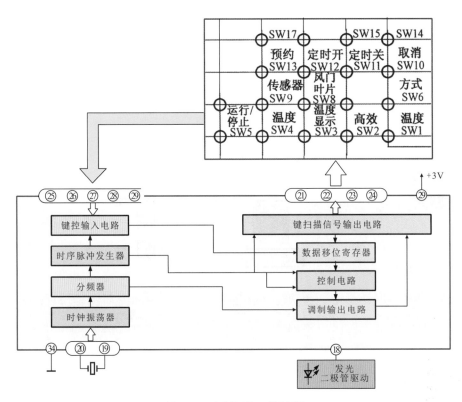

图12-2 遥控器工作过程

图12-3为空调器遥控接收电路。该电路主要是由遥控接收器、发光二极管等元器件构成的。

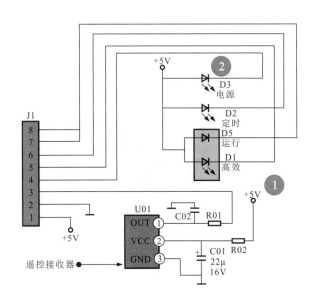

图12-3 空调器遥控接收电路

划重点

1 遥控接收器的②脚为+5V供电端，①脚输出遥控信号并送往微处理器，为控制电路输入人工指令信号，使空调器执行人工指令。

2 控制电路输出的显示驱动信号送往发光二极管（D1～D3），显示空调器的工作状态。其中，发光二极管D3用来显示空调器的电源状态；D2用来显示空调器的定时状态；D5和D1分别用来显示空调器的正常运行和高效运行状态。

12.1.2 空调器遥控电路检修分析

显示及遥控电路可实现空调器人机交互。若出现故障，经常会引起控制失灵、显示异常等故障。检修时，首先应对遥控器中的发送部分进行检测，若正常，再对室内机接收电路进行检测。图12-4为显示及遥控电路的检修流程。

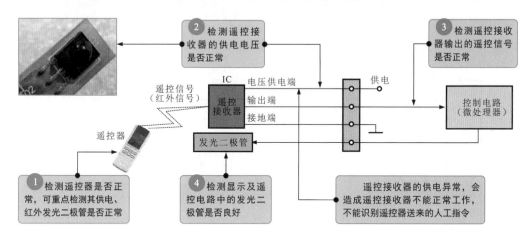

② 检测遥控接收器的供电电压是否正常

③ 检测遥控接收器输出的遥控信号是否正常

IC　电压供电端　　　供电

遥控信号（红外信号）　遥控接收器　输出端　　接地端

控制电路（微处理器）

遥控器

发光二极管

① 检测遥控器是否正常，可重点检测其供电、红外发光二极管是否正常

④ 检测显示及遥控电路中的发光二极管是否良好

遥控接收器的供电异常，会造成遥控接收器不能正常工作，不能识别遥控器送来的人工指令

图12-4　显示及遥控电路的检修流程

划重点

① 将万用表的量程旋钮调至直流10V电压挡，黑表笔搭在电池负极，红表笔搭在电池正极。

② 正常情况下，可测得3V直流电压。

12.2 空调器遥控电路检测实训

12.2.1 遥控器检测实训

检测遥控器时，通常对其供电、红外发光二极管等检测点进行检测。图12-5为遥控器供电电压的检测方法。

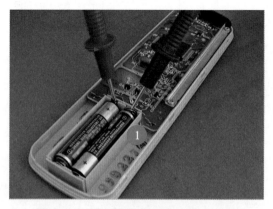

图12-5　遥控器供电电压的检测方法

若操作遥控器的某个按键不正常，则多为该按键下面的导电橡胶和印刷电路板异常，检查其是否出现触点氧化锈蚀、污物过多，通常用蘸有酒精的棉签擦拭即可。图12-6为遥控器操作按键及触点的清洁操作。

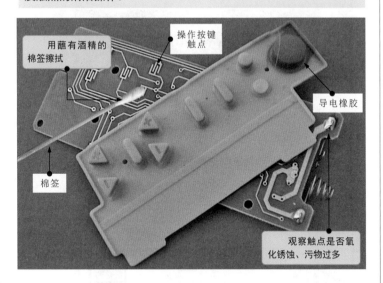

图12-6 遥控器操作按键及触点的清洁操作

由于遥控器操作按键下的导电橡胶使用频繁，工作环境潮湿，因此，导电橡胶的导通电阻增大（正常值为40～150Ω），不能正确识别，以至于按键不灵敏。常用的解决方法：将遥控器置于干燥的地方，清理导电橡胶导电面，涂一层铅笔芯粉。

若操作按键失效，更换即可。

红外发光二极管的好坏直接影响遥控信号能否发送成功。判断红外发光二极管是否正常，一般可用万用表检测其正、反向阻值，如图12-7所示。

图12-7 红外发光二极管的检测操作

① 将万用表的黑表笔搭在红外发光二极管的正极，红表笔搭在红外发光二极管的负极。

② 万用表指针摆动到40kΩ左右的位置。

正常情况下，红外发光二极管应满足正向有一定阻值、反向阻值为无穷大，即正向导通、反向截止的特性。

红外发光二极管除了采用万用表检测是否正常，还可通过其他一些快速测试法进行检测。

图12-8为遥控器的快速检测方法。

划重点

① 通过手机的照相功能可以清楚地观察到红外发光二极管发出的红外光。

② 将收音机的音量调到最大，使用遥控器在收音机的旁边发送信号，可以清楚的听到"呲啦"声。

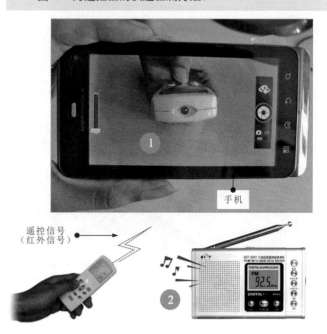

图12-8　遥控器的快速检测方法

12.2.2 遥控接收器检测实训

遥控接收器是显示及遥控电路中用来接收遥控信号的主要部件。若损坏，会造成使用遥控器操作时，室内机无反应的故障，如无法正常开机、无法调节温度等。　图12-9为遥控接收器供电电压的检测方法。

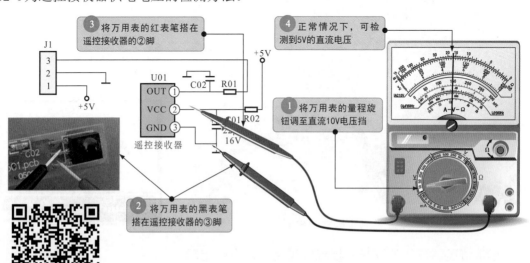

图12-9　遥控接收器供电电压的检测方法

在正常情况下，遥控接收器的供电电压应为5V左右（在路检测时，由于外围元器件的影响，电压值应接近5V）。若供电电压异常，则需要对电源电路进行检测。若供电电压正常，则表明遥控接收器的工作条件满足。

若遥控接收器的供电电压正常，则应检测输出信号。输出信号不正常，将直接造成空调器不能接收遥控信号、接收信号迟缓等故障，图12-10为遥控接收器输出信号的检测方法。

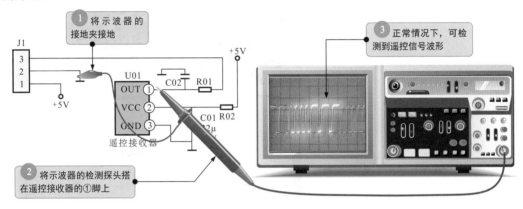

图12-10　遥控接收器输出信号的检测方法

若遥控信号波形不正常，则说明遥控接收器有故障。若遥控信号波形正常，则说明微处理器控制电路可能存在故障。若没有示波器，则可以使用万用表检测输出引脚端的电压值，在正常情况下，未按下遥控器时，该引脚端应有一定的电压值，按下遥控器时，电压值应发生变化。

12.2.3 遥控电路部件检测实训

发光二极管是空调器用来显示状态的主要部件。若损坏，会造成空调器不能显示、显示错误等故障。在对发光二极管进行检测之前，应首先检查插件连接是否牢固，如图12-11所示。

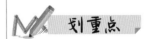

检查时，应排除虚焊、焊点损坏等接触不良的故障。若存在故障，则应坚固插件或重新焊接。

图12-11　连接插件的检查

图12-12为发光二极管的检测方法。

1 将万用表的量程旋钮调至×10k欧姆挡，黑表笔搭在发光二极管的正极，红表笔搭在发光二极管的负极。

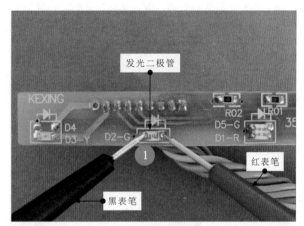

2 万用表可测得的正向阻值为20kΩ。

3 将万用表的红、黑表笔对换，检测发光二极管的反向阻值，反向阻值为无穷大。

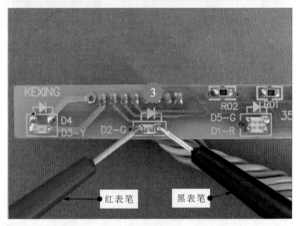

图12-12　发光二极管的检测方法

多说两句！

　　在有些空调器中，发光二极管与微处理器之间安装有限流电阻，在实际检测时，除了检测发光二极管，还需要检测限流电阻。若限流电阻出现开路故障，同样会造成空调器指示不正常的故障。

第13章

空调器通信电路检修

13.1 空调器通信电路原理与检修分析

13.1.1 空调器通信电路原理

图13-1为空调器通信电路。空调器通信电路主要是由室内机通信电路和室外机通信电路两部分构成的，分别位于室内机主电路板上和室外机主电路板上。

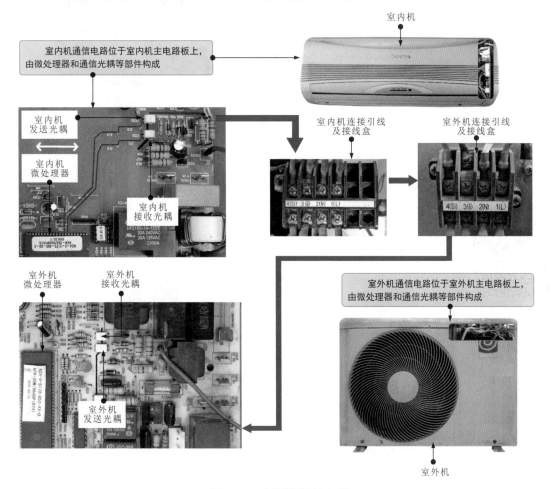

图13-1 空调器通信电路

通信光耦是空调器通信电路中的关键部件。

图13-2为变频空调器中通信光耦的实物外形。

一般情况下，通信电路中有4个通信光耦，室内机中有两个，分别为室内机发送光耦、室内机接收光耦；室外机有两个，分别为室外机发送光耦、室外机接收光耦。

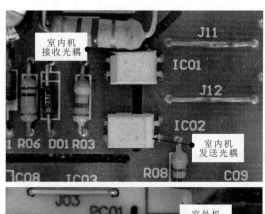

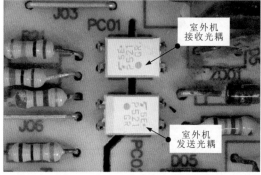

图13-2　变频空调器中通信光耦的实物外形

通信电路主要用于室内机和室外机主电路板之间的数据传输，完成室内机发送信号、室外机接收信号和室外机发送信号、室内机接收信号两个过程。

图13-3为室内机发送信号、室外机接收信号的工作原理。

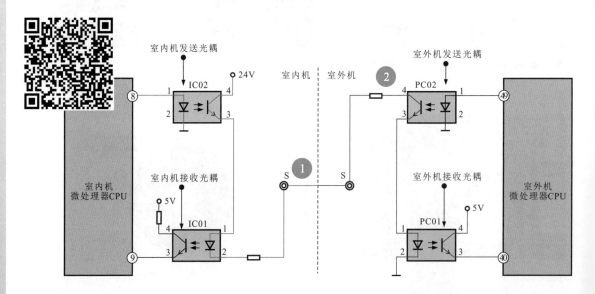

图13-3　室内机发送信号、室外机接收信号的工作原理

图13-3电路分析

① 空调器通电后，室内机微处理器输出指令，经室内机发送光耦IC02送往室内机接收光耦IC01（发光二极管），并由②脚送出，经连接引线和接线盒送到室外机通信电路中。

② 室外机发送光耦PC02接收到室内机送出的信号后，由③脚输出电信号，送至室外机接收光耦PC01，经PC01处理后，由③脚输出信号，送至室外机微处理器。

室外机微处理器收到指令信号后，经处理产生应答信息。该信息经室外机发送光耦PC02将光信号转换成电信号，并通过连接引线和接线盒送至室内机接收光耦IC01，由③脚送至室内机微处理器，由此完成一次通信过程。

多说两句！

图13-4为通信电路的工作过程。

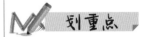
划重点

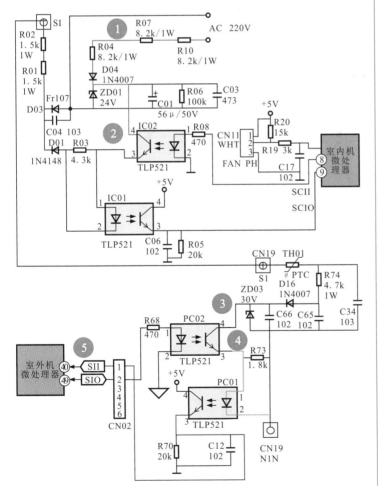

图13-4 通信电路的工作过程

① 交流220V电压经分压电阻、整流二极管、稳压二极管处理后，输出+24V直流电压，为通信电路供电。

② 室内机发送光耦IC02中的发光二极管得电发光，光敏晶体管导通。

③ 由室内机发送光耦IC02输出的电信号经电阻R03、二极管D01、热敏电阻TH01、电阻R74、二极管D16等部件后，送入室外机发送光耦PC02中。

④ 室外机发送光耦PC02的④脚接收到信号后，由③脚输出，送至室外机接收光耦PC01的①脚，此时PC01的发光二极管导通。

⑤ 室外机接收光耦PC01将电信号通过③脚输出送至室外机微处理器的⑩脚，完成室内机向室外机的信息传送。

空调器室外机微处理器接收到指令信号，经识别和处理后，向室外机的相关电路和部件发出控制指令，同时将反馈信号送回室内机微处理器。

图13-5为空调器通信电路反馈信号的工作过程。

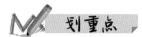

① 由室外机微处理器㊾脚输出的脉冲信号送往室外机发送光耦PC02的①脚。

② 室外机发送光耦PC02工作，由④脚输出电信号。该信号经二极管D16，电阻器R74，TH01，电阻R02、R01，二极管D01后送入室内机接收光耦IC01的②脚。

③ 室内机接收光耦IC01内部的发光二极管发光，光敏晶体管导通，将接收到的电信号送至室内机微处理器的⑨脚，反馈信号送达，完成室外机向室内机的信息传送。

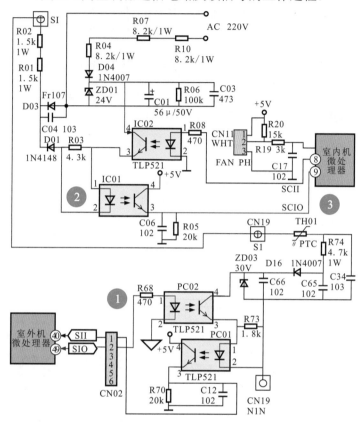

图13-5 空调器通信电路反馈信号的工作过程

图13-6为通信电路的供电电路。通信电路的供电电压为24V，有些空调器采用146V的供电电压。

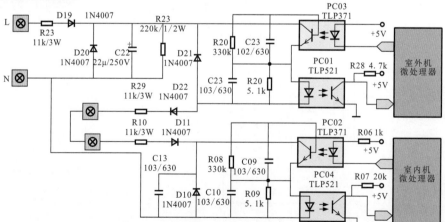

图13-6 通信电路的供电电路

13.1.2 空调器通信电路检修分析

通信电路是空调器中的重要数据传输电路。若出现故障，通常会引起空调器室外机不运行或运行一段时间后停机等故障现象，检修时，可根据通信电路的信号流程对可能产生故障的部件逐一排查。图13-7为空调器通信电路的检修流程。

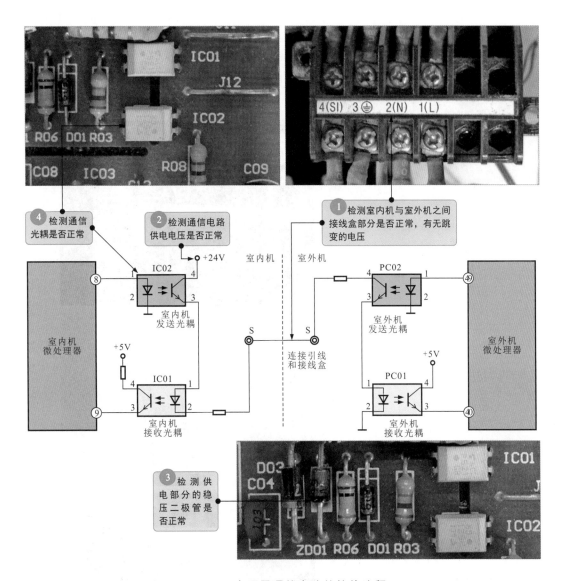

图13-7 空调器通信电路的检修流程

空调器室内机与室外机的通信信号为脉冲信号，用万用表检测时应为跳变电压，在室内机与室外机连接引线和接线盒处、通信光耦的输入侧和输出侧、室内机/室外机微处理器输出或接收引脚上都应为跳变电压，检测时，可分段检测，跳变电压消失的地方，即为主要的故障点。

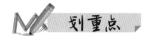

13.2 空调器通信电路检测实训

13.2.1 空调器通信电路连接检测实训

若通信电路出现故障，则应先对室内机与室外机的连接部分进行检修。检修时，可先观察是否有部件损坏，如连接线破损、接线触点断裂等，若连接完好，则需进一步使用万用表检测连接部分的电压值是否正常。

图13-8为空调器通信电路连接的检测实训。

1 先观察连接引线和接线盒有无破损、断裂等现象。

2 观察U形接口有无破损、断裂等现象。

3 将万用表的黑表笔搭在接线盒N端，红表笔搭在SI端。

在正常情况下，电压应在0～24V之间变化。

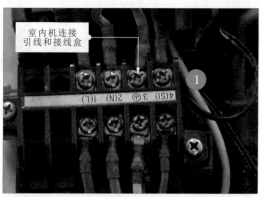

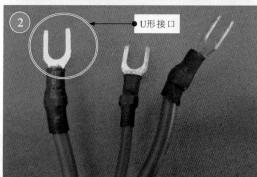

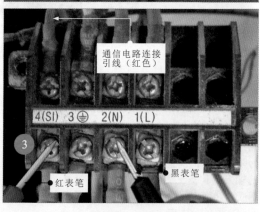

图13-8　空调器通信电路连接的检测实训

13.2.2 空调器通信电路供电电压检测实训

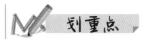

通信电路的供电电压是正常工作的首要条件。该电压不正常，空调器室外机将不能进入工作状态，检测通信电路的供电电压时，可在室内机24V电压产生电路中进行检测。图13-9为空调器通信电路供电电压的检测方法。

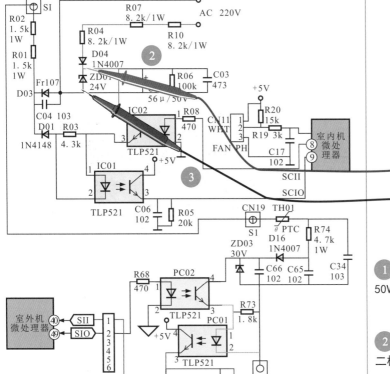

① 将万用表量程旋钮调至直流50V电压挡。

② 将万用表的黑表笔搭在稳压二极管ZD01的正极。

③ 将万用表的红表笔搭在稳压二极管ZD01的负极。

④ 正常情况下，可测得24V的电压。

图13-9　空调器通信电路供电电压的检测方法

正常情况下，在稳压二极管的两端应能检测到24V直流电压，若无电压，则应进一步对该部件进行检测，排除击穿或开路故障；若稳压二极管正常，仍无24V电压，则需要对该电路中的其他主要部件（大功率电阻器、整流二极管D04等）进行检测。

13.2.3 空调器通信光耦检测实训

通信光耦是通信电路中的主要通信部件，通过通信光耦可以完成信号的传递和反馈。该部件损坏后，会造成室外机压缩机不工作、驱动电动机不运转等故障。检测时，可先检测通信光耦的供电电压是否正常，如图13-10所示。

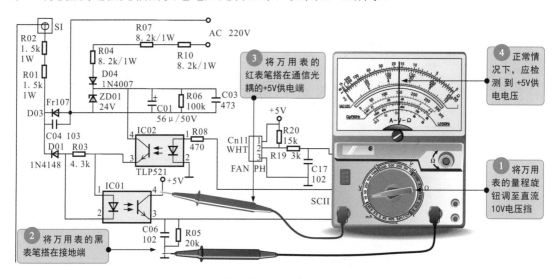

图13-10　通信光耦供电电压的检测方法

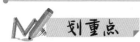

将万用表的红、黑表笔分别搭在通信光耦的①脚和②脚，正常时，可检测到①脚和②脚之间的反向阻值趋于无穷大，若阻值不正常，应及时更换。

若通信光耦的供电电压正常，应进一步检测通信光耦的性能，如图13-11所示。

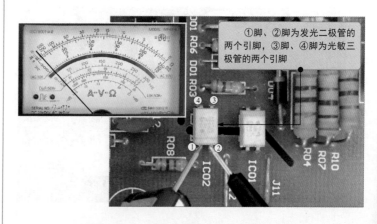

图13-11　通信光耦性能的检测方法

在实际检测过程中，若能满足通电测试条件，则可借助万用表检测通信光耦的输入端、输出端电压值，测量结果更加准确，有助于缩小故障范围，快速判断故障点。在正常情况下，室内机微处理器的输出引脚、室外机微处理器的输出引脚、4个通信光耦的输入侧和输出侧均应有一定范围的电压值，如图13-12所示。

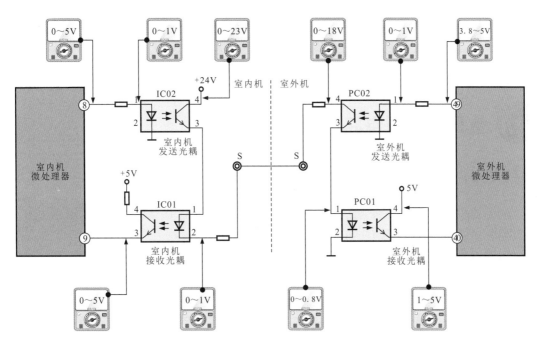

图13-12　通信光耦工作时各引脚的电压值

图13-12电路分析

●由室内机微处理器送往室内机发送光耦的电压值应在0～5V之间，经电路中的元器件后，在室内机发送光耦的输入引脚端可测得0～1V的电压值。若该电压不正常，应重点检测发送电路中的元器件及连接线是否正常。

在室内机发送光耦输出引脚端可测得0～23V的电压值。若该电压不正常，而输入电压正常，则表明该室内机发送光耦损坏。

● 在室内机接收光耦的输入端也可测得0～1V的电压值。若该电压不正常，则有两种情况：一种可能是内部二极管被击穿；另一种可能为室外机发送光耦出现故障。

在室内机接收光耦的输出端可测得0～5V的电压值。若该电压不正常，而输入电压正常，则表明室内机接收通信光耦损坏。

● 在室外机接收光耦的输入端可测得0～0.8V的电压。若无电压值，则有两种情况：一种可能是该电路中的主要元器件出现开路故障；另一种可能为室外机发送光耦损坏，未导通。

在室外机接收光耦的输出端可测得1～5V的电压值。若该电压不正常，而输入电压正常，则该通信光耦损坏。

● 室外机微处理器送往室外机发送光耦的电压值应为3.8～5V，经电路中的元器件后，在室外机接收光耦的输入引脚端可测得0～1V的电压值。若该电压不正常，则应重点检测连接部件及该电路中的主要元器件是否正常。

在室外机发送光耦的输出引脚端应测得电压值0～18V。若该电压不正常，输入电压正常，则表明该通信光耦损坏。

第14章

空调器变频电路检修

14.1 空调器变频电路原理与检修分析

14.1.1 空调器变频电路原理

空调器变频电路的主要功能是为变频压缩机提供驱动信号，调节变频压缩机的转速，实现空调器制冷剂的循环，完成热交换功能。

图14-1为空调器变频电路。

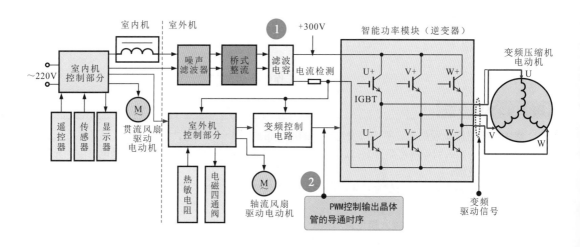

图14-1 空调器变频电路

图14-1电路分析

① 交流220V电压经变频空调器室内机电源电路送入室外机，经整流、滤波后，变为+300V直流电压，为智能功率模块中的IGBT供电。

② 由变频空调器室内机控制电路将控制信号送到室外机控制电路，室外机控制电路根据控制信号对变频电路进行控制，由变频电路输出PWM驱动信号控制智能功率模块，为变频压缩机提供所需的变频驱动信号。变频驱动信号加到变频压缩机的三相绕阻端，使变频压缩机启动运转。变频压缩机驱动制冷剂循环，进而达到冷热交换的目的。

目前，变频空调器中的变频压缩机通常采用直流无刷电动机，该变频方式被称为直流变频方式。图14-2为直流变频电路。

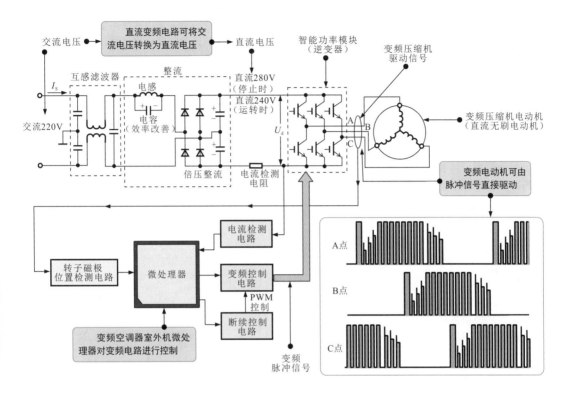

图14-2 直流变频电路

除直流变频电路外，有些空调器采用交流变频控制方式。图14-3为交流变频电路。

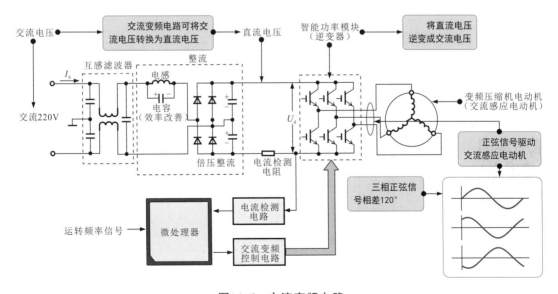

图14-3 交流变频电路

交流变频电路是将380/220V交流电压转换为直流电压，为智能功率模块中的逆变器提供工作电压。逆变器在微处理器的控制下，再将直流电压逆变成交流电压，驱动变频压缩机电动机。逆变过程受交流变频电路的指令控制，输出频率可变的交流电压，使变频压缩机电动机的转速随频率的变化而变化，实现微处理器对变频压缩机电动机转速的控制。

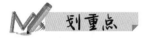

为便于理解，将智能功率模块的内部结构进行了简化，阻尼二极管未画出。

1 交流220V电压经整流滤波后，得到约+300V的直流电压，送给6个IGBT。

2 6个IGBT控制流过变频压缩机电动机绕组的电流方向和顺序，形成旋转磁场，驱动变频压缩机工作。

3 由微处理器送来的脉宽调制（PWM）驱动信号送到IGBT的控制极，控制IGBT的导通和截止。

智能功率模块是将直流电压变成交流电压的功率模块，被称为逆变器，通过6个IGBT的导通和截止，将直流电压变成交流电压，为变频压缩机电动机提供所需的工作电压（变频驱动信号）。图14-4为智能功率模块的内部结构。

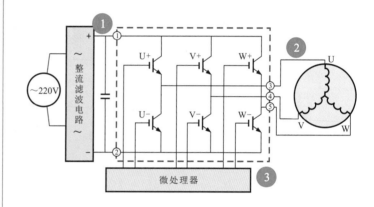

图14-4 智能功率模块的内部结构

1 0°～120° 周期的工作过程

图14-5为变频压缩机电动机旋转0°～120°周期的工作过程。

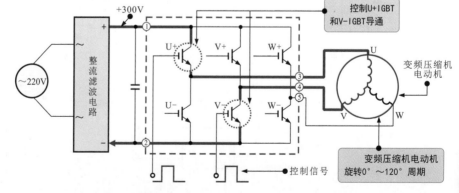

图14-5 变频压缩机电动机旋转0°～120°周期的工作过程

变频压缩机电动机旋转0°~120°周期，控制信号同时加到IGBT的U+和V-控制极，使其导通，+300V电压经智能功率模块①脚→U+IGBT→智能功率模块③脚→U线圈→V线圈→智能功率模块④脚→V-IGBT→智能功率模块②脚→电源负端形成回路。

2 120°~240°周期的工作过程

图14-6为变频压缩机电动机旋转120°~240°周期的工作过程。

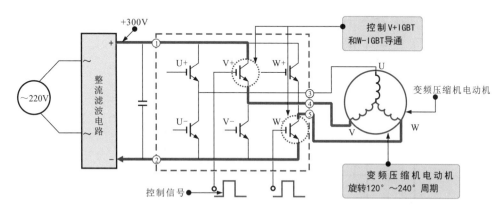

图14-6 变频压缩机电动机旋转120°~240°周期的工作过程

变频压缩机电动机旋转120°~240°周期，主控电路输出的控制信号发生变化，使IGBT的V+和IGBT的W-控制极为高电平而导通，+300V电压经智能功率模块①脚→V+IGBT→智能功率模块④脚→V线圈→W线圈→智能功率模块⑤脚→W-IGBT→智能功率模块②脚→电源负端形成回路。

3 240°~360°周期的工作过程

图14-7为变频压缩机电动机旋转240°~360°周期的工作过程。

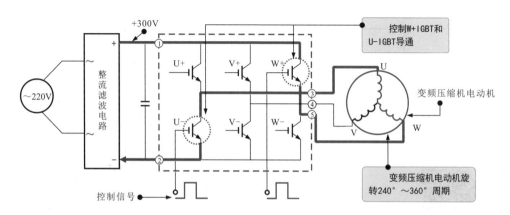

图14-7 变频压缩机电动机旋转240°~360°周期的工作过程

变频压缩机电动机旋转240°～360°周期，电路再次发生转换，IGBT的W+和IGBT的U-控制极为高电平导通，+300V电压经智能功率模块①脚→W+IGBT→智能功率模块⑤脚→W线圈→U线圈→智能功率模块③脚→U-IGBT→智能功率模块②脚→电源负端形成回路。

图14-8为LG FMU2460W3M型变频空调器中的变频电路。

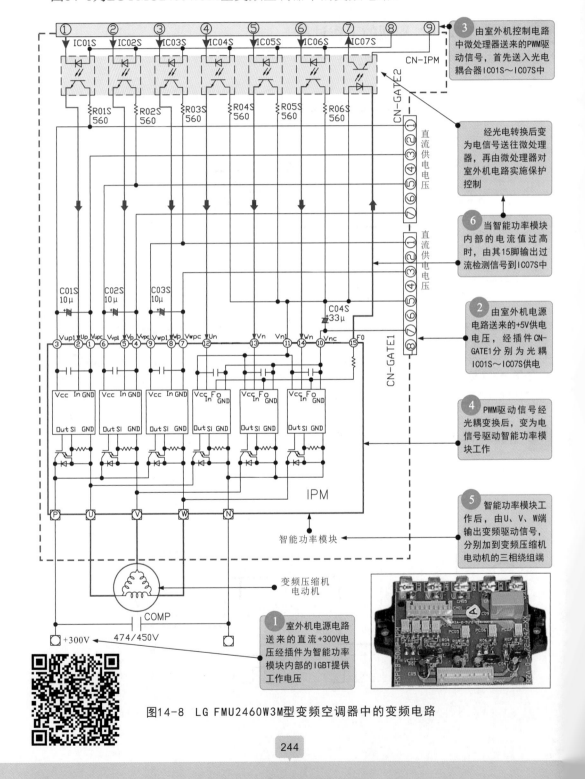

图14-8　LG FMU2460W3M型变频空调器中的变频电路

14.1.2 空调器变频电路检修分析

变频电路出现故障经常会引起变频空调器出现不制冷/制热、制冷或制热效果差、室内机出现故障代码、压缩机不工作等现象。

图14-9为空调器变频电路的检修流程。

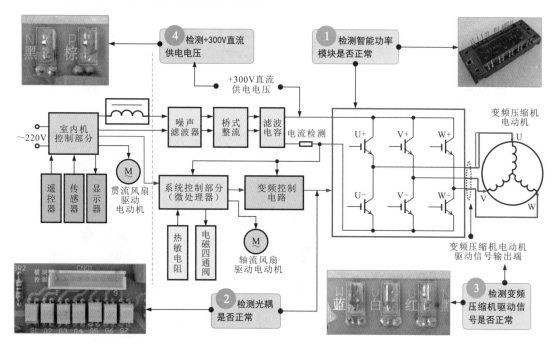

图14-9 空调器变频电路的检修流程

变频电路中较易损坏的部件主要有智能功率模块、光耦等。若在未接通电源的状态下检测主要部件均正常，可尝试进行通电测试，即在接通电源的状态下，根据变频电路的信号流程检测供电、输入/输出的驱动信号等。

多说两句！

14.2 空调器变频电路检测实训

14.2.1 压缩机驱动信号检测实训

通电检测变频电路时，应首先对变频电路（智能功率模块）输出的变频压缩机电动机驱动信号进行检测，若正常，则说明变频电路正常；若不正常，则需对电源电路和控制电路送来的供电电压和驱动信号进行检测。

图14-10为变频压缩机电动机驱动信号的检测方法。

划重点

1 启动变频空调器，将示波器的接地夹接地，检测探头分别靠近变频电路的驱动信号输出端（U、V、W端）。

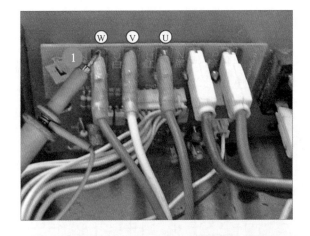

2 正常时可检测到驱动信号波形。

若驱动信号波形正常，则说明变频电路正常；若无输出或输出异常，则多为变频电路未工作或电路中存在故障，应进一步对其工作条件进行检测。

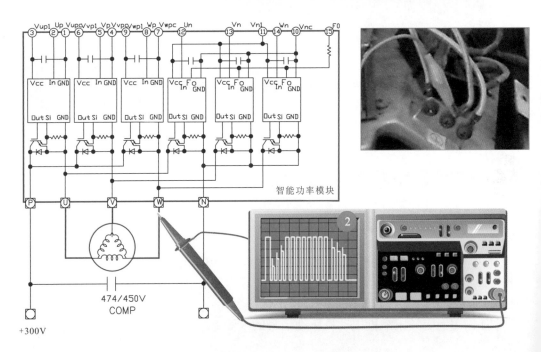

图14-10 变频压缩机电动机驱动信号的检测方法

检测变频压缩机电动机驱动信号时，除了可以使用示波器进行检测，也可以使用万用表进行检测。图14-11为使用万用表的检测方法。

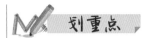

图14-11 使用万用表的检测方法

① 将万用表的量程旋钮调至交流250V电压挡，红、黑表笔分别搭在变频压缩机电动机驱动信号输出端（U、V、W端）任意两端。

② 正常时，可检测到0～160V范围的交流电压。

14.2.2 变频电路+300V直流供电电压检测实训

+300V直流供电电压是智能功率模块正常工作的条件之一。若该电压不正常，则智能功率模块无法工作。其检测方法如图14-12所示。

变频电路的工作条件有两个，即供电电压和PWM驱动信号。若变频电路无驱动信号输出，则在判断是否为变频电路故障时，应首先对变频电路（智能功率模块）的+300V直流供电电压进行检测。

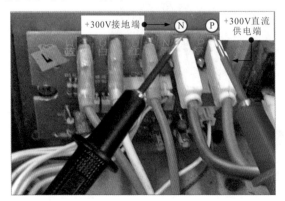

图14-12 +300V直流供电电压的检测方法

① 将万用表的量程旋钮调至直流500V电压挡。

② 将万用表的黑表笔搭在变频电路直流电源输入N端（+300V接地端）。

③ 将万用表的红表笔搭在变频电路直流电源输入P端（+300V直流供电端）。

④ 正常时可检测到270～300V的直流电压。

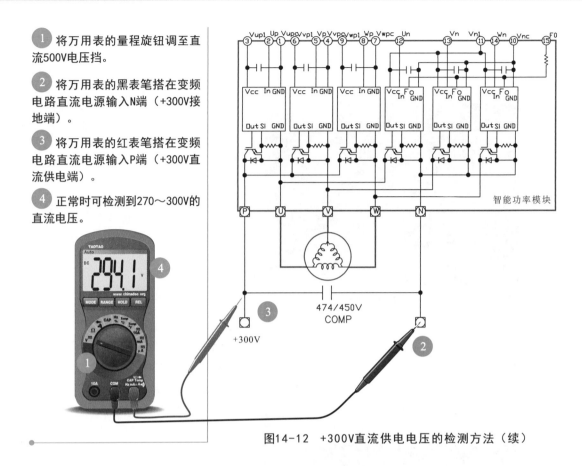

图14-12 +300V直流供电电压的检测方法（续）

14.2.3 变频电路PWM驱动信号检测实训

PWM驱动信号也是智能功率模块正常工作的条件之一。该信号与+300V直流供电电压同时满足，智能功率模块才可以进入工作状态，因此+300V直流供电正常，智能功率模块仍不工作时，应重点对该信号进行检测。图14-13为智能功率模块PWM驱动信号的检测方法。

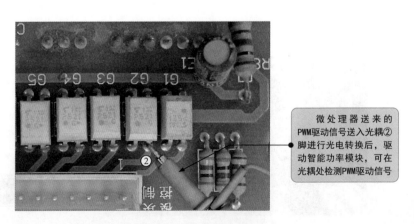

微处理器送来的PWM驱动信号送入光耦②脚进行光电转换后，驱动智能功率模块，可在光耦处检测PWM驱动信号

图14-13 智能功率模块PWM驱动信号的检测方法

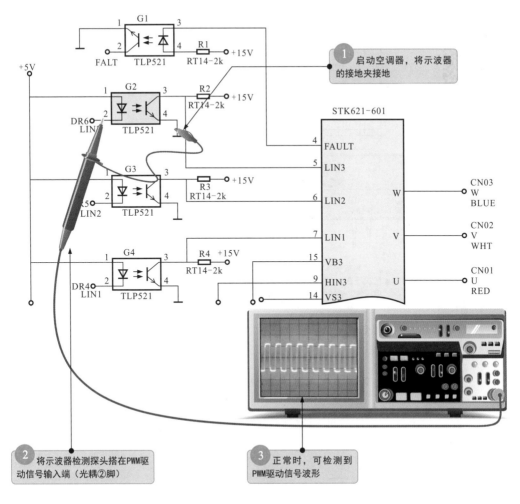

图14-13 智能功率模块PWM驱动信号的检测方法（续）

若PWM驱动信号正常，变频电路无输出，则多为变频电路故障，应重点对通信光耦和智能功率模块进行检测。若PWM驱动信号不正常，则需对控制电路进行检测。

14.2.4 变频电路智能功率模块检测实训

确定智能功率模块是否损坏时，可根据智能功率模块内部的结构特性，使用万用表的二极管检测功能挡位，分别检测P（+）端与U、V、W端，或N（+）与U、V、W端，或P与N端之间的正反向导通特性，若符合正向导通、反向截止的特性，则说明智能功率模块正常，否则说明智能功率模块损坏。

图14-14为智能功率模块的检测示意图。

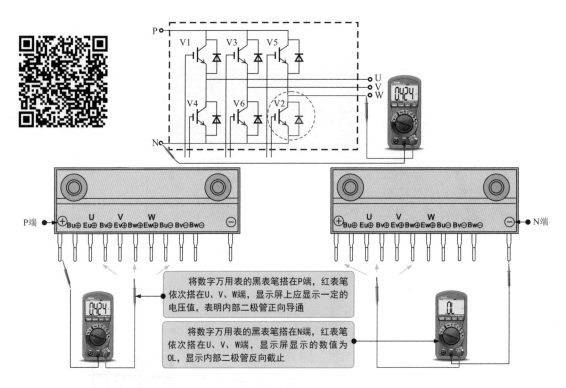

图14-14 智能功率模块的检测示意图

图14-15为STK621-410型智能功率模块的检测方法。

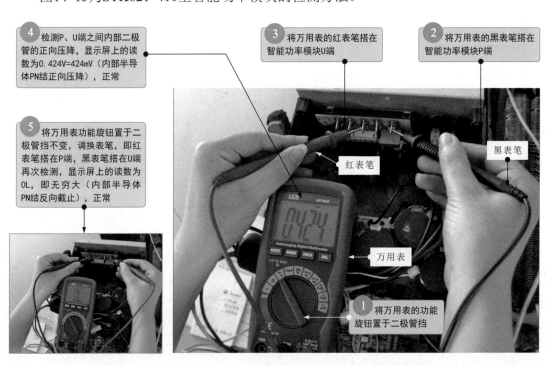

图14-15 STK621-410型智能功率模块的检测方法

除上述方法外，还可以通过检测智能功率模块的对地阻值来判断智能功率模块是否损坏。

图14-16为智能功率模块STK621-601对地阻值的检测方法。

图14-16　智能功率模块STK621-601对地阻值的检测方法

正常情况下，智能功率模块STK621-601各引脚的对地阻值见表14-1。若检测值与标称值相差过大，则说明智能功率模块已经损坏。

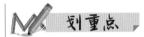

① 将万用表的黑表笔接地，红表笔依次搭在智能功率模块各引脚，检测正向对地阻值。

② 对调表笔，红表笔接地，黑表笔依次搭在智能功率模块各引脚，检测反向对地阻值。

表14-1　智能功率模块STK621-601各引脚的对地阻值

引脚	正向阻值	反向阻值	引脚	正向阻值	反向阻值	引脚	正向阻值	反向阻值
①	0	0	⑪	10kΩ	28kΩ	㉑	4.5kΩ	∞
②	6.5kΩ	2.5kΩ	⑫	空脚	空脚	㉒	11kΩ	∞
③	6kΩ	6.5kΩ	⑬	空脚	空脚	P端	12.5kΩ	∞
④	9.5kΩ	65kΩ	⑭	4.5kΩ	∞	N端	0	0
⑤	10kΩ	28kΩ	⑮	11.5kΩ	∞	U端	4.5kΩ	∞
⑥	10kΩ	28kΩ	⑯	空脚	空脚	V端	4.5kΩ	∞
⑦	10kΩ	28kΩ	⑰	4.5kΩ	∞	W端	4.5kΩ	∞
⑧	空脚	空脚	⑱	空脚	空脚	–	–	–
⑨	10kΩ	28kΩ	⑲	11kΩ	∞	–	–	–
⑩	10kΩ	28kΩ	⑳	空脚	空脚			

第15章

空调器综合检修实例

15.1 格力空调器综合检修实例

15.1.1 格力空调器故障判别

格力空调器出现故障，会通过室内机的故障代码或室外机控制电路故障指示灯的闪烁方式来提示故障部位。用户可根据对故障代码或故障指示灯闪烁方式的识读来判别故障。格力空调器常见故障代码及故障原因见表15-1。

表15-1　格力空调器常见故障代码及故障原因

序号	故障代码	故障指示灯显示方式 （通过室外机4个LED故障指示灯亮、闪、灭三种状态的组合来表示不同的故障，故障指示灯显示状态的周期为5s，循环显示）	故障原因
1	E1	灭、闪、闪、闪	系统高压保护
2	E2	亮、灭、亮、灭	防冻结保护
3	E4	亮、灭、亮、闪	压缩机排气高温保护
5	E5	亮、灭、闪、亮	交流过流保护
6	E6	灭、灭、灭、闪	室内外机通信故障
7	E8	亮、灭、亮、亮	防高温保护
8	EE	灭、灭、灭、亮	读EEPROM故障
9	EU	亮、亮、亮、闪	模块温度过高限/降频
10	F1		室内环境温度传感器开、短路
11	F2		室内蒸发器温度传感器开、短路
12	F3	灭、灭、闪、亮	室外环境温度传感器开短路
13	F4	灭、灭、闪、灭	室外冷凝器温度传感器开、短路
14	F4	亮、灭、闪、灭	管外中间管温度传感器故障
15	F5	灭、灭、闪、闪	室外排气温度传感器开、短路
16	F6	亮、灭、闪、闪	过负荷限/降频
17	F8	亮、亮、灭、亮	电流过大降频
18	F9	亮、灭、灭、灭	排气过高降频
19	FC		滑动门故障
20	FH	亮、亮、亮、灭	防冻结限/降频
21	H0	亮、灭、闪、闪	制热防高温降频

表15-1 格力空调器常见故障代码及故障原因 （续）

序号	故障代码	故障指示灯显示方式 （通过室外机4个LED故障指示灯亮、闪、灭三种状态的组合来表示不同的故障，故障指示灯显示状态的周期为5s，循环显示）	故障原因
22	H1		化霜
23	H2		静电除尘保护
24	H3	灭、闪、闪、灭	压缩机过载保护
25	H4	亮、灭、亮、亮	系统异常
26	H5	灭、闪、灭、亮	IPM保护
27	H6		无室内风扇驱动电动机反馈
28	HC	亮、闪、灭、灭	PFC电流偏置电压错误
29	H7	灭、闪、亮、闪	压缩机失步
30	HC	亮、灭、闪、闪	PFC保护
31	Lc	灭、闪、灭、闪	启动失败
31	L3	亮、灭、灭、灭	室外机直流风扇驱动电动机故障
32	P8	亮、灭、闪、亮	模块温度过高保护
33	P7	灭、灭、闪、闪	模块感温包电路故障
34	P5	灭、灭、灭、闪	压缩机相电流过流保护
35	PL	灭、亮、灭、亮	直流母线电压过低
36	PH	灭、灭、灭、闪	直流母线电压过高
37	PU	灭、灭、闪、灭	电容充电故障
38	U1	灭、闪、亮、灭	压缩机相电流 检测电路故障
39	U3	灭、灭、亮、亮	直流母线电压跌落故障
40	U7	亮、灭、闪、灭	四通阀换向异常
41	U8	灭、亮、灭、灭	室内机过零检测故障
42	U9	亮、亮、闪、灭	室外机过零故障

15.1.2 格力空调器高压保护（E1）的检修

图15-1为格力空调器高压保护（E1）的分析。

故障代码	E1
故障说明	格力空调器室内机显示"E1"故障代码，表示当前故障为高压保护。保护时制冷：压缩机停，室内机风扇驱动电动机运行；保护时制热：所有负载停。高压保护通过压力开关检测系统运行压力是否过高，压力开关正常情况下为常闭状态，当压力过高时断开保护开关，将信号输入控制器，停止压缩机运转，以保护压缩机的长期可靠运行
故障部位或原因	• 高压开关故障或者接线松脱。 • 大/小阀门未完全打开。 • 室内外机风扇驱动电动机转速偏低（制冷室外/制热室内）。 • 室内外机进出风环境不顺畅（制冷室外/制热室内）。 • 室内机过滤网脏（制热）。 • 室内外机换热器脏（制冷室外/制热室内）。 • 系统堵塞（脏堵、冰堵、油堵、焊堵、小阀门未完全打开）

图15-1 格力空调器高压保护（E1）的分析

图15-2为格力空调器高压保护（E1）的检修流程。

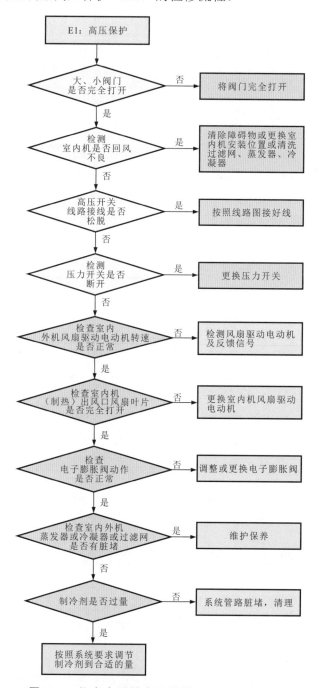

图15-2 格力空调器高压保护（E1）的检修流程

若在压缩机启动5s内出现E1高压保护，则应重点检查高压开关接线、高压开关及控制器。

若在压缩机运行一段时间后出现E1高压保护，应检测制冷系统问题。

15.1.3 格力空调器过流保护（E5）的检修

图15-3为格力空调器过流保护（E5）的分析。

故障代码	E5
故障说明	格力空调器室内机显示"E5"故障代码，表示当前故障为过流保护，包括室外机输入电流保护和压缩机相电流保护。保护时压缩机停机，室外机风扇驱动电动机延时30s后停机。过流保护主要是保护电子元器件、功率模块和压缩机等部件，防止因电流过大烧坏
故障部位或原因	①电网输入电压突变或输入电压波形有畸变。 ②系统换热异常。 制冷时故障：室外机冷凝器脏堵、室外机风扇驱动电动机故障、环境温度过高。 制热时故障：室内机蒸发器脏堵、室内机风扇驱动电动机故障、室内机导风板没打开。

图15-3 格力空调器过流保护（E5）的分析

图15-4为格力空调器过流保护（E5）的检修流程。

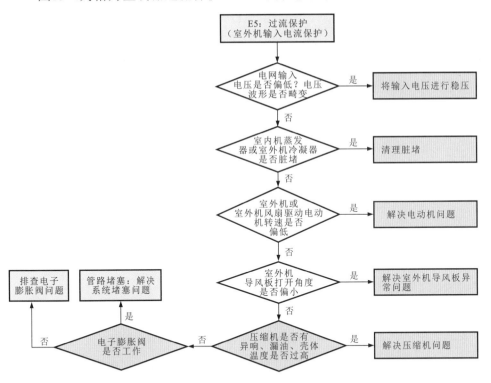

图15-4 格力空调器过流保护（E5）的检修流程

（1）室外机输入电流保护。当输入电流超过一定阈值时，微处理器根据电流大小对压缩机进行限频、降频或停机处理，如果达到停机电流值，则出现室外机输入电流保护。

（2）压缩机相电流保护。当压缩机相电流超过设定值时开始降频，当频率降到最低、电流仍大于设定值时，保护停机。

15.1.4 格力空调器通信故障（E6）的检修

图15-5为格力空调器通信故障（E6）的分析。

故障代码	E6
故障说明	格力空调器室内机显示"E6"故障代码，表示故障为通信故障，整机停止运行。若通信恢复正常，且压缩机停机时间不小于3min时，空调器才能正常运行
故障部位或原因	开机15s内，室内机不能收到室外机发送的数据，或者在运行过程中，连续3min室内机没有接收到室外机发送的正确数据，则出现通信故障。 可能的原因有室内外机不匹配、室外机电器盒故障、室内外机连接线故障、室内机控制电路板故障、电源干扰等

图15-5　格力空调器通信故障（E6）的分析

图15-6为格力空调器通信故障（E6）的检修流程。

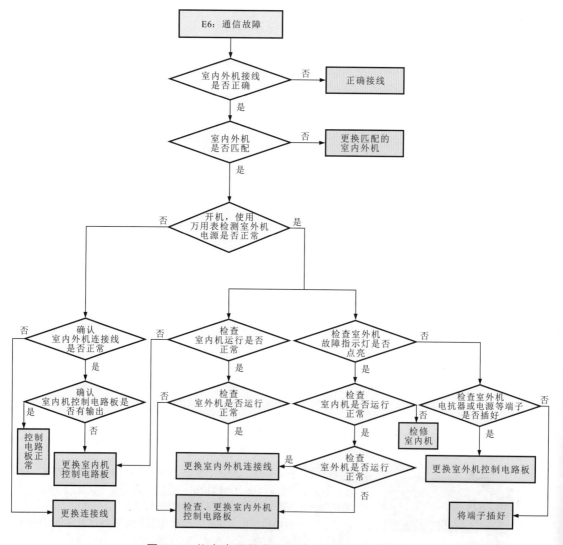

图15-6　格力空调器通信故障（E6）的检修流程

15.1.5 格力空调器温度传感器故障（F1-F5）的检修

图15-7为格力空调器温度传感器故障（F1-F5）的分析。

故障代码	F1-F5
故障说明	格力机空调器室内机显示"F1-F5"故障代码，表示温度传感器故障。 室内机：环境温度传感器故障（F1），管温传感器故障（F2）。 室外机：环境温度传感器故障（F3），室外管温传感器故障（F4），排气温度传感器故障（F5）
故障部位或原因	• 温度传感器端子接触不良、松脱。 • 温度传感器电路中所接阻容元器件松脱、断路、短路。 • 温度传感器阻值异常。 • 温度传感器所连接电路中的电阻器异常、电容器漏电。 • 温度传感器规格不匹配，比如20kΩ用成50kΩ。 • 微处理器异常。 • 温度传感器与外壳或铜管短路

图15-7　格力空调器温度传感器故障（F1-F5）的分析

图15-8为格力空调器温度传感器故障（F1-F5）的检修流程。

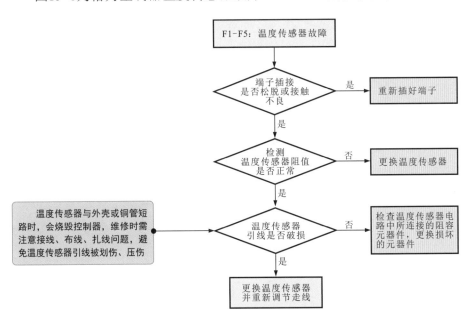

图15-8　格力空调器温度传感器故障（F1-F5）的检修流程

　　温度传感器阻值异常或规格不匹配时，一般不显示温度传感器故障代码，但可能引起非正常保护限频、非正常保护停机，并显示其他相关代码，如H4、U7。
　　温度传感器阻值异常引起的故障不明显，排查复杂，在实际维修中，如遇到异常现象时，可重点检测温度传感器阻值是否正常。

15.1.6 格力空调器过载保护（H3）的检修

图15-9为格力空调器过载保护（H3）的分析。

故障代码	H3
故障说明	格力空调器室内机显示"H3"故障代码，表示当前故障为过载保护。过载保护主要是防止压缩机过热损坏。过载保护时压缩机停机，压缩机停机达3min，且故障已消除，压缩机恢复运行
故障部位或原因	• 系统异常，如制冷剂泄漏、电子膨胀阀堵塞、蒸发器和冷凝器脏、工作环境恶劣。 • 压缩机故障。 • 过热保护继电器接线不良、松脱。 • 过载保护电路故障

图15-9 格力空调器过载保护（H3）的分析

图15-10为格力空调器过载保护（H3）的检修流程。

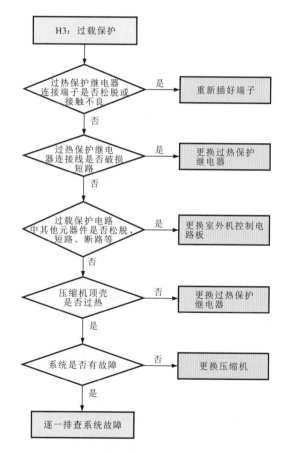

图15-10 格力空调器过载保护（H3）的检修流程

若空调器短时间内过载保护，则检查过热保护继电器及其接线；如果较长时间过载保护，则根据制热效果判断系统问题。

15.1.7 格力空调器变频模块保护（H5）的检修

图15-11为格力空调器变频模块保护（H5）的分析。

故障代码	H5
故障说明	格力空调器室内机显示"H5"故障代码，表示当前故障为变频模块保护。当微处理器检测到压缩机变频模块（IPM）工作异常时，报变频模块保护故障。
故障部位或原因	• 压缩机线接反，变频电路板与压缩机不匹配。 • 电压突然变化。 • 高负荷下正常保护（系统异常，如冷媒过多、管路堵塞、蒸发器/冷凝器脏堵等）。 • 室外机微处理器故障，如压缩机相电流采样电路故障、IPM模块故障。 • 压缩机故障，如电动机部分的线圈短路、定子退磁，机械部分的上下法兰定心不良、零件磨损等

图15-11　格力空调器变频模块保护（H5）的分析

图15-12为格力空调器变频模块保护（H5）的检修流程。

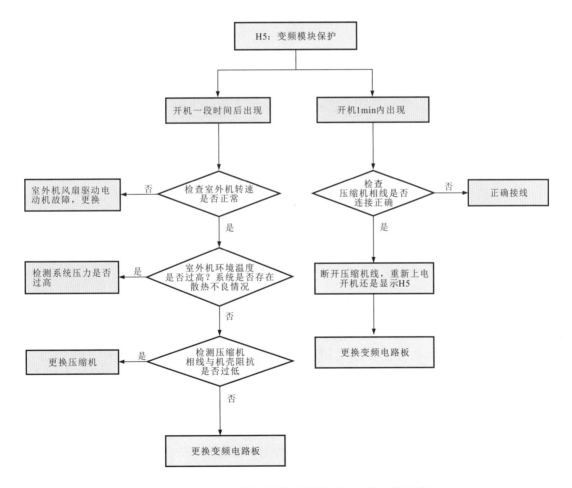

图15-12　格力空调器变频模块保护（H5）的检修流程

15.1.8 格力空调器电磁四通阀换向异常（U7）的检修

图15-13为格力空调器电磁四通阀换向异常（U7）的分析。

故障代码	U7
故障说明	格力空调器室内机显示"U7"故障代码，表示当前故障为电磁四通阀换向异常
故障部位或原因	• 温度传感器故障（环境温度、管路温度）。 • 电磁四通阀的电磁阀线圈、阀体故障。 电磁四通阀换向需依据室内外机环境温度、管路温度综合判断是否达到换向条件，不同于传统的电磁四通阀换向控制模式。目前绝大多数U7故障均是由温度传感器阻值异常造成的

图15-13　格力空调器电磁四通阀换向异常（U7）的分析

图15-14为格力空调器电磁四通阀换向异常（U7）的检修流程。

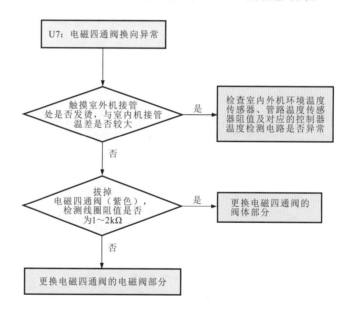

图15-14　格力空调器电磁四通阀换向异常（U7）的检修流程

多说两句！

　　电磁四通阀换向异常时，可通过以下方法排查故障：
　　①制冷模式时，前6min观察室内机出风，制冷效果良好的直接检查室内机管路温度传感器阻值，出风温度比环境温度高时，检查电磁四通阀以及控制电路板是否异常。
　　②制热模式时，前6min观察室内机出风，制热正常时，检查室内机管路温度传感器阻值，出风温度比环境温度低时，检查电磁四通阀及控制电路板是否异常。

15.1.9 格力空调器上电无任何反应的检修

图15-15为格力空调器上电无任何反应的分析。

故障说明	上电开机后，室内外机无任何反应，室内机指示灯、显示屏不亮，蜂鸣器不响，无继电器吸合声
故障部位或原因	· 无电源供电或电源电压低。 · 室内机接线错误，电源线或接线板与主电路板接线松脱、短路等。 · 熔断器故障。 · 变压器故障。 · 控制电路板微处理器芯片故障

图15-15　格力空调器上电无任何反应的分析

图15-16为格力空调器上电无任何反应的检修流程。

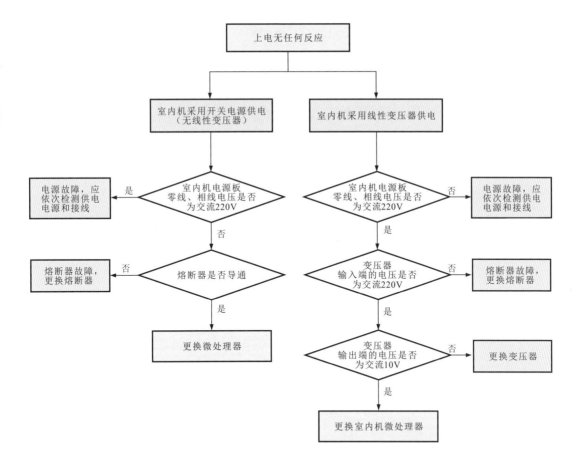

图15-16　格力空调器上电无任何反应的检修流程

15.1.10 格力空调器缺氟（F0）的检修

图15-17为格力空调器缺氟（F0）的分析。

故障代码	F0
故障说明	格力空调器室内机显示"F0"故障代码，表示当前故障为缺氟或系统堵塞
故障部位或原因	·阀门未完全打开。 ·蒸发器管路温度传感器故障（如松脱或阻值异常）。 ·制冷剂泄漏。 ·系统管路堵塞（如电子膨胀阀卡死或毛细管组件脏堵）。 ·电磁四通阀窜气。 ·压缩机卡死

图15-17　格力空调器缺氟（F0）的分析

图15-18为格力空调器缺氟（F0）的检修流程。

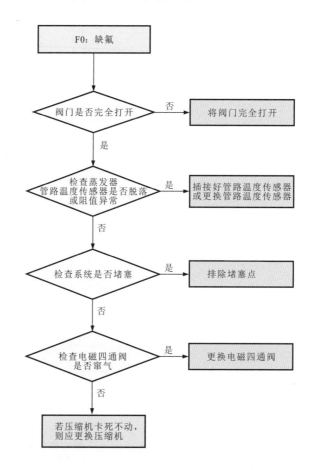

图15-18　格力空调器缺氟（F0）的检修流程

15.1.11 格力空调器制冷/制热不良的检修

图15-19为格力空调器制冷/制热不良的分析。

故障说明	制冷/制热不良
故障部位或原因	·系统制冷剂泄漏。 ·系统堵塞。 ·四通阀或压缩机窜气。 ·室内外机空气循环量不足。 ·室内外机连接管热绝缘不良。 ·室外/内温度过高。 ·室内密封性不够，人员进出频繁。 ·室内有加热装置。 ·制冷/制热负荷不合适。 ·制冷剂纯度不足，系统中有空气。 ·设置不合理

图15-19 格力空调器制冷/制热不良的分析

图15-20为格力空调器制冷/制热不良的检修流程。

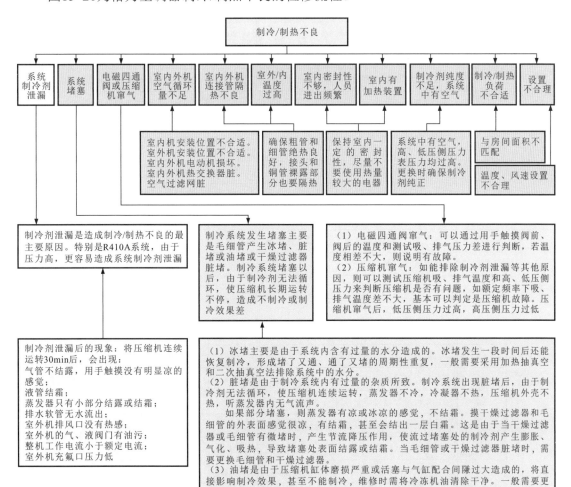

图15-20 格力空调器制冷/制热不良的检修流程

15.2 美的空调器综合检修实例

15.2.1 美的空调器故障判别

美的空调器出现故障，会通过显示故障代码或故障指示灯闪烁来提示故障部位。

 故障代码

美的空调器常见故障代码及故障原因见表15-2。

表15-2　美的空调器常见故障代码及故障原因

机器类型	故障代码	故障原因	故障代码	故障原因
定频壁挂式空调器	E1	室内机主板EEPROM参数故障	P0	压缩机过流保护
	E2	过零检测故障	P1	室内机风扇驱动电动机失速故障
	E3	室内机风扇驱动电动机失速故障	P2	室内机控制电路板与开关板通信故障
	E4	压缩机过流保护	P3	T2室内机管温传感器故障
	E5	T1室内机温度传感器故障	P4	T1室内机温度传感器故障
	E6	T2室内机管温传感器故障	P5	室内机风扇驱动电动机温度熔断器断开
	E8	过滤网复位故障	P6	过零检测故障
		室内外机通信故障	P7	机型选择错误
	E9	室内机控制电路板与显示电路板通讯故障		
定频柜式空调器	E01	室内机T1和T2温度传感器开路或短路故障	Eb	室内机风扇驱动电动机失速故障
	E02	压缩机过流保护	EC	过零检测故障
	E03	压缩机欠流保护	Ed	压缩机缺相故障
	E04	室外机相序保护	EE	压缩机相序反接故障
	E1	T1室内机管温传感器故障	HS	化霜
	E2	T2室内机管温传感器故障	P02	压缩机过流保护
	E3	T3室内机管温传感器故障	P03	T2室内机管温传感器温度过低保护
	E4	T4室内机管温传感器故障	P04	T2室内机管温传感器温度过高保护
	E5	室内机控制电路板与显示电路板通信故障	P05	室内机出风口温度过高保护
		网络通信故障	P4	T2室内机管温传感器高、低温保护
	E6	室外机相序保护	P5	T3室外机管温传感器高、低温保护
	E7	加湿器故障	P7	TP室外机排气温度传感器高温保护
		室外机直流风扇驱动电动机失速故障	P9	化霜保护或防冷关风机

表15-2　美的空调器常见故障代码及故障原因　　　　　　（续）

机器类型	故障代码	故障原因	故障代码	故障原因
定频柜式空调器	E8	室内外机通信故障	P10	压缩机低压保护
		静电除尘故障	P11	压缩机高压保护
	E9	自动门故障	P12	压缩机过流保护
	E10	压缩机低压故障	PA/PAU	进风格栅保护
	E13	压缩机缺相故障	Pb	压缩机低压保护
	E14	压缩机相序反接故障	PC	压缩机高压保护
	EA	压缩机低压故障	Pd	压缩机过流保护
变频壁挂式空调器	E1	室内外机通信故障	E0	室内机控制电路板EEPROM参数错误
	E2	过零检测故障	EA	室内机EEPROM参数错误
	E3	室内机风扇驱动电动机失速故障	EH	射频模块故障
	E4	温度熔断器断开保护	EL	显示电路板EEPROM参数错误
		室内机控制电路板与显示电路板通信故障	HS	化霜
	E5	室外机传感器或室外机EEPROM参数错误	P0	IPM模块保护
	E6	T1室内机管温传感器故障	P1	电压过高或过低保护
	E7	室外机直流风扇驱动电动机失速故障	P2	压缩机顶部温度保护
	E8	室内机控制电路板与显示电路板通讯故障	P3	室外机温度过低保护
		除尘复位故障	P4	直流变频压缩机位置保护
	E9	室内机控制电路板与显示电路板通信故障	F9	室内外机电路板之间通信协议不匹配
变频柜式空调器	E0	室内机控制电路板EEPROM参数错误	EP	室外机排气温度传感器故障
	E01	一个小时四次模块保护	L0	蒸发器高低温限频
	E03	一个小时三次排气温度保护	L1	冷凝器高温限频
	E1	T1传感器故障	L2	压缩机排气高温限频
	E2	T2传感器故障	L3	电流限频
	E3	T3传感器故障	P0	IPM模块保护
	E4	T4传感器故障	P1	电压过高或过低保护
	E5	室内机控制电路板与显示电路板通讯故障	P2	压缩机顶部温度保护
	E6	室外机EEPROM参数错误	P3	室外机温度过低保护
	E7	室外机直流风扇驱动电动机失速故障	P4	T2传感器高低温保护关压缩机
	E8	室内机外通信故障	P5	室外机冷凝器高温保护关压缩机
	E9	室内机控制电路板EEPROM参数错误	P6	直流变频压缩机位置保护
		开关门故障	P7	室外机排气温度过高关压缩机
	Eb	室内机风扇驱动电动机失速故障	P8	压缩机顶部温度保护
	EC	过零检测故障	P9	防冷风保护
	EH	射频模块故障	PA/PAU	进风格栅保护
	EL	显示电路板EEPROM参数错误	Pd	压缩机电流过载保护
	EU	Wifi模块故障	PE	摇头部件故障

　　美的家用空调器自2019年开始，统一使用四位故障代码，取消两位故障代码。表15-3为美的家用空调器四位故障代码及故障原因。

表15-3　美的家用空调器四位故障代码及故障原因

故障代码	故障原因	故障代码	故障原因
EH00	室内机EEPROM参数故障	FH0E	灰尘传感器故障
EH0A	室内机EEPROM参数故障	FH0b	电能计量模块故障
EL01	室内外机通信故障	FH0d	空气清新负离子故障
EL11	室内主从机通信故障	FH0A	滤网运行故障（有过滤网自动清扫功能机型）
EH12	室内主从机，其中一台有故障	FL14	室内外机不匹配（内销多联机）
EH02	室内机过零检测故障	PC00	室外机IPM模块保护
EH31	室内机外置风扇驱动电动机直流母线电压过低保护	PC10	室外机交流电压过低保护
EH32	室内机外置风扇驱动电动机直流母线电压过高故障	PC11	室外机直流母线电压过高保护
EH33	室内机外置风扇驱动电动机过流故障	PC12	室外机直流母线电压过低保护（341MCE故障）
EH34	室内机外置风扇驱动电动机保护（硬件过流保护）	PC01	室外机电压保护
EH35	室内机外置风扇驱动电动机缺相故障	PH13	室内机供电交流电压保护
EH36	室内机外置风扇驱动电动机电流采样偏置故障	PC02	压缩机顶部温度保护（IPM模块温度保护）
EH37	室内机外置风扇驱动电动机零速故障	PC40	室外机微处理器芯片与驱动芯片通信故障
EH03	室内机风扇驱动电动机失速故障	PC41	室外机压缩机电流采样电路故障
EH3C	室内机风扇驱动电动机故障	PC42	室外机压缩机启动故障
EC50	室外机温度传感器故障	PC43	室外机压缩机缺相保护
EC51	室外机EEPROM参数故障	PC44	室外机零速保护
EC52	室外机盘管T3温度传感器故障	PC45	室外机IR（341）芯片驱动同步故障
EC53	室外机环境T4温度传感器故障	PC46	室外机压缩机失速保护
EC54	室外机排气温度传感器故障	PC49	室外机压缩机过电流故障
EC55	IPM模块温度传感器故障	PC4A	室外机零相线接错故障
EC56	室外机T2B传感器故障（内销多联机）	PC4b	室外机相序反接故障
EC57	冷媒管温度传感器故障（内销多联机）	PC4C	室外机三相电缺相故障（定速柜机）
EC05	室外机温度传感器或EEPROM参数故障	PC04	室外机压缩机反馈保护
EC0d	室外机故障或保护	PC06	室外机压缩机排气高温保护
EH60	室内机室温T1传感器故障	PC08	室外机电流保护
EH61	室内机管温T2传感器故障	PC30	系统压力过高保护
EH66	室内机蒸发器温度传感器T2B故障	PC0F	PFC（PFC模块开关停机）IGBT故障
EC71	室外机外置风扇驱动电动机过流故障	PH09	室内机防冷风保护
EC72	室外机外置风扇驱动电动机缺相故障	PH0b	格栅保护（有格栅保护的机型才有）、室内机面板保护
EC73	室外机直流风扇驱动电动机零速故障	FH0C	室内机湿度传感器故障
EC74	室外外置风扇驱动电动机电流采样偏置故障	LH07	遥控器限频起作用

表15-3　美的家用空调器四位故障代码及故障原因　　　　（续）

故障代码	故障原因	故障代码	故障原因
EC75	室外机外置风扇驱动电动机模块保护	PC31	系统压力过低保护
EC07	室外机风扇驱动电动机失速故障（变频）或压缩机启动异常或室外机被盗（定速基站空调）	PC32	系统压力过低故障（内销多联机）
EH0b	室内机控制电路板与显示电路板通信故障	PC03	系统压力保护
EHb1	室内机显示电路板与转接板通信故障	PC0L	室外机低温保护
EHb2	24V线控器接线错误	PH90	蒸发器高温保护
EHb3	线控器与控制电路板通信故障	PH91	蒸发器低温保护
EHb4	室内机语音模块通信故障	PC0A	冷凝器高温保护
EHb5	室内机智慧眼通信故障	PCA1	冷媒管凝露保护（内销多联机使用）
EHb6	室内机摄像头通信故障	LH00	蒸发器高低温限频（L0）
EL0C	冷媒检测故障	LC01	冷凝器高温限频（L1）
EH0E	室内机水位报警故障	LC02	排气高温限频（L2）
EH0F	室内机智慧眼故障	LC05	电压限频（L5）
EH0H	室内机射频模块故障	LC03	电流限频（L3）
EH0L	室内机显示电路板EEPROM参数故障	LC06	IPM模块温度限频（PFC故障限频）
FH0P	WIFI模块自检故障	LC30	系统压力高限频
FH07	室内机升降面板通信故障、室内机开关门故障（带自动升降门机型才有）	LC31	系统压力低限频
		----	模式冲突故障

美的家用空调器四位故障代码含义如图15-21所示。

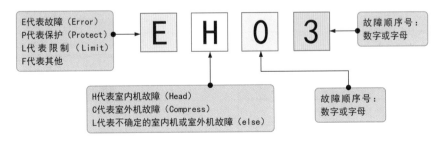

图15-21　美的家用空调器四位故障代码含义

LED灯指示含义识读

美的空调器LED灯指示含义的识读见表15-4。

表15-4 美的空调器LED灯指示含义的识读

两个LED灯（工作灯、定时灯）定频壁挂式空调器	工作灯		定时灯	故障原因
	闪		灭	室内机风扇驱动电动机失速故障
	闪		亮	室内机T1和T2温度传感器开路或短路故障
	灭		闪	压缩机过流保护
	亮		闪	室内机控制电路板EEPROM参数错误
	闪		闪	过零检测故障

三个LED灯（工作灯、定时灯、化霜灯）定频壁挂式空调器	工作灯	定时灯	化霜灯	故障原因
	亮	亮	灭	压缩机过流保护
	闪	闪	灭	室内机风扇驱动电动机失速故障
				室内机风扇驱动电动机温度保险断开
	闪	亮	灭	过零检测故障
	闪	闪	灭	通信故障
	闪	亮	灭	T2室内机管温传感器故障
	闪	灭	灭	T1室内机管温传感器故障
	亮	闪	灭	室内机风扇驱动电动机温度保险断开
	闪	灭	闪	压缩机过流保护
	闪	闪	亮	通信故障
	闪	亮	灭	T2室内机管温传感器高、低温保护
	闪	灭	灭	除湿模式室内温度过低保护
				室内机风扇驱动电动机失速故障
	灭	亮	亮	室内机控制电路板EEPROM参数错误
	亮	亮	亮	室内机控制电路板EEPROM参数错误
	亮	灭	闪	室内机控制电路板EEPROM参数错误
	闪	闪	闪	过零检测故障
	灭	灭	亮	T2室内机管温传感器故障
	灭	闪	灭	T1室内机管温传感器故障

三个LED灯（运行灯、定时灯、化霜灯）定频壁挂式空调器	运行灯	定时灯	化霜灯	故障原因
	闪	闪	灭	室内机控制电路板EEPROM参数错误
	闪	灭	灭	T2室内机管温传感器故障
	亮	亮	亮	压缩机过流保护
	灭	闪	灭	T1室内机管温传感器故障
	灭	灭	闪	T3室内机管温传感器故障

表15-4　美的空调器LED灯指示含义的识读　　　　　　　　（续）

	运行灯	定时灯	化霜灯	故障原因
三个LED灯（运行灯、定时灯、化霜灯）变频柜式空调器	灭	闪	闪	电流保护
	闪	灭	闪	压缩机顶部温度保护
	灭	灭	闪	室外机温度传感器故障
	闪	灭	灭	模块保护
	亮	闪	闪	电压过高或过低保护
	闪	闪	灭	室内机和室外机不匹配
	闪	闪	闪	室内外机通信故障

	工作灯	自动灯	定时灯	化霜灯	故障原因
四个LED灯（工作灯、自动灯、定时灯、化霜灯）定频壁挂式空调器	亮	闪	亮	灭	压缩机过流保护
	闪	闪	闪	灭	室内机风扇驱动电动机失速故障
	闪	闪	亮	灭	过零检测故障
	闪	亮	闪	灭	通信故障
	闪	亮	亮	灭	T2室内机管温传感器故障
	闪	亮	灭	灭	T1室内机管温传感器故障
	亮	闪	闪	灭	室内机风扇驱动电动机温度保险断开
	闪	灭	亮	灭	T2室内管温传感器高、低温保护
	闪	灭	灭	灭	除湿模式室内温度过低保护
	闪	亮	亮	亮	室内机控制电路板EEPROM参数错误
	亮	亮	亮	亮	室内机控制电路板EEPROM参数错误
	亮	灭	灭	闪	室内机控制电路板EEPROM参数错误

	运行灯	自动灯	定时灯	化霜灯	故障原因
四个LED灯（运行灯、自动灯、定时灯、化霜灯）定频壁挂式空调器	闪	灭	灭	灭	室内机风扇电动机失速故障
					T2室内机管温传感器故障
	闪	灭	灭	闪	压缩机过流保护
	闪	闪	闪	闪	室外机相序异常保护
					过零检测故障
	灭	闪	灭	灭	T1室内机管温传感器故障
	灭	灭	灭	灭	T3室内机管温传感器故障
	灭	灭	闪	灭	T2室内机管温传感器故障
					室内外机通信故障
	闪	灭	灭	灭	室内机风扇驱动电动机温度保险断开
					控制电路板EEPROM参数错误
	灭	灭	闪	闪	室外机相序保护

表15-4 美的空调器LED灯指示含义的识读 （续）

	工作灯	自动灯	定时灯	化霜灯	故障原因
四个LED灯（工作灯、自动灯、定时灯、化霜灯）变频壁挂空调器	闪	亮	灭	灭	IPM模块保护
	闪	灭	灭	亮	压缩机顶部温度保护
	闪	灭	亮	灭	T3室外机管温传感器故障
	闪	亮	灭	亮	T3室外机温度过低、过高保护
	闪	亮	亮	灭	电压过高或过低保护
	闪	灭	亮	亮	压缩机过流保护
	闪	亮	亮	亮	室内机温度、蒸发器温度传感器故障
	闪	闪	灭	亮	室内机蒸发器高温保护或低温保护
	闪	闪	亮	灭	除湿模式室内温度过低保护
	闪	闪	亮	亮	室内机风扇驱动电动机失速故障
	闪	亮	灭	闪	过零检测故障
	闪	灭	亮	闪	温度保险丝熔断保护
	闪	闪	闪	闪	室内外机通信故障
	闪	闪	灭	灭	EEPROM参数错误
	闪	闪	亮	闪	机型不匹配

	定时灯	干燥防霉灯	强劲灯	化霜灯	故障原因
四个LED灯（定时灯、干燥防霉灯、强劲灯、化霜灯）变频壁挂空调器	灭	灭	灭	闪	EEPROM参数错误
	亮	亮	亮	闪	模块保护
	亮	灭	灭	闪	压缩机顶部温度保护
	灭	灭	亮	闪	室外机温度传感器开路或短路
	灭	亮	亮	闪	电压保护
	灭	亮	灭	闪	室内机温度传感器开路或短路
	亮	灭	亮	闪	室内机风扇驱动电动机失速故障
	亮	亮	灭	闪	过零检测故障
	闪	闪	闪	闪	室内外机通信故障

	运行灯	定时灯	自动换气灯	连续换气灯	除霜灯	故障原因
五个LED灯（运行灯、定时灯、自动换气灯、连续换气灯、除霜灯）定频壁挂式空调器	闪	灭	灭	灭	灭	待机状态
	闪	灭	闪	闪	灭	室内机风扇驱动电动机失速故障
	灭	闪	灭	灭	灭	T1室内机管温传感器故障
	灭	灭	闪	灭	灭	T2室内机管温传感器故障
	闪	闪	闪	闪	灭	室内机风扇驱动电动机过热保护
	闪	闪	闪	闪	闪	过零检测故障

15.2.2 美的空调器室内机温度传感器异常的检修

图15-22为美的空调器室内机温度传感器异常的分析。

故障代码	变频柜式空调器室内机显示：E1 变频壁挂式空调器室内机显示：E6 2019年后显示：EH60、EH61
故障说明	美的变频柜式空调器室内机显示"E1"故障代码、变频壁挂式空调器室内机显示"E6"故障代码、2019年后显示"EH60"、"EH61"，表示当前故障为室内机温度传感器故障
故障部位或原因	·室内机温度传感器松脱。 ·室内温度传感器损坏。 ·室内机控制电路板损坏

图15-22　美的空调器室内机温度传感器异常的分析

图15-23为美的空调器室内机温度传感器异常的检修流程。

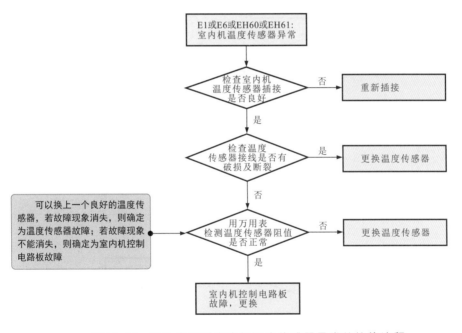

图15-23　美的空调器室内机温度传感器异常的检修流程

确定温度传感器插接没问题后，用万用表检测温度传感器阻值，若阻值为0或者无穷大，则说明温度传感器损坏。若温度传感器有阻值，则可对照温度传感器不同温度下的阻值表，判断是否正常。当室温为25℃时，温度传感器阻值应为10kΩ，温度升高，阻值减小，温度降低，阻值增大。若实测阻值与阻值表数值偏离很大，则温度传感器故障。

15.2.3 美的空调器室内外机通信故障的检修

图15-24为美的空调器室内外机通信故障的分析。

故障代码	柜式空调器室内机显示：E8 壁挂式空调器室内机显示：E1 2019年后显示：EL01
故障说明	美的柜式空调器室内机显示"E8"故障代码、壁挂式空调器室内机显示"E1"故障代码、2019年后显示"EL01"，表示当前故障为室内外机通信故障
故障部位或原因	• 室内机控制电路板。 • 室外机控制电路板。 • 电抗器。 • 整流桥。 • 室内外机连接线组

图15-24 美的空调器室内外机通信故障的分析

图15-25为美的空调器室内外机通信故障的检修流程。

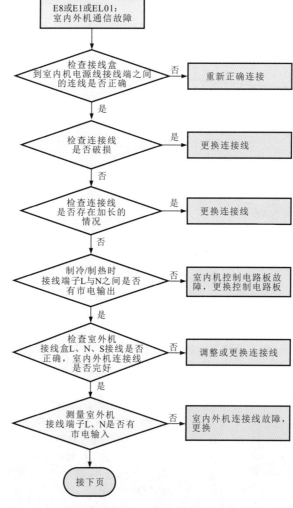

图15-25 美的空调器室内外机通信故障的检修流程

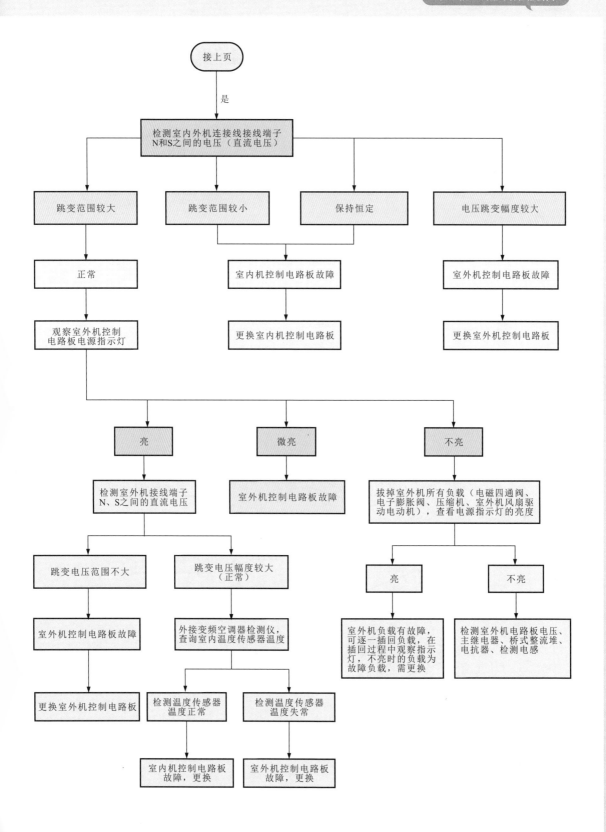

图15-25　美的空调器室内外机通信故障的检修流程（续）

15.2.4 美的空调器室内机控制电路板与显示电路板通信故障的检修

图15-26为美的空调器室内机控制电路板与显示电路板通信故障的分析。

故障代码	柜式空调器室内机显示：E5 2019年后显示：EH0b
故障说明	美的柜式空调器室内机显示"E8"故障代码、2019年后显示"EH0b"，表示当前故障为室内机控制电路板与显示电路板通信故障
故障部位或原因	• 室内机控制电路板 • 室内机显示电路板

图15-26　美的空调器室内机控制电路板与显示电路板通信故障的分析

图15-27为美的空调器室内机控制电路板与显示电路板通信故障的检修流程。

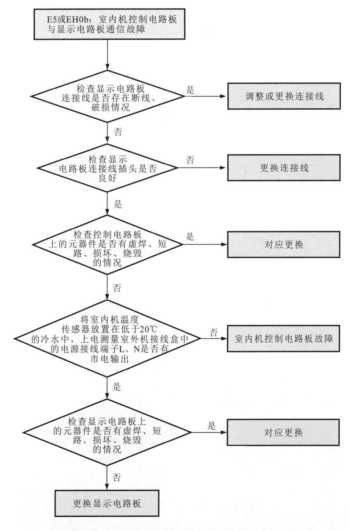

图15-27　美的空调器室内机控制电路板与显示电路板通信故障的检修流程

15.2.5 美的空调器室内机风扇驱动电动机失速的检修

图15-28为美的空调器室内机风扇驱动电动机失速的分析。

故障代码	柜式空调器室内机显示：Eb 壁挂式空调器室内机显示：E3 2019年后显示：EH3C
故障说明	美的柜式空调器室内机显示"Eb"故障代码、壁挂式空调器室内机显示"E3"故障代码，表示当前故障为室内机风扇驱动电动机失速；2019年后显示"EH3C"，表示当前故障为室内机风扇驱动电动机故障
故障部位或原因	• 室内机控制电路板。 • 室内机风扇驱动电动机。 • 室内机风扇扇叶

图15-28　美的空调器室内机风扇驱动电动机失速的分析

图15-29为美的空调器室内机风扇驱动电动机失速的检修流程。

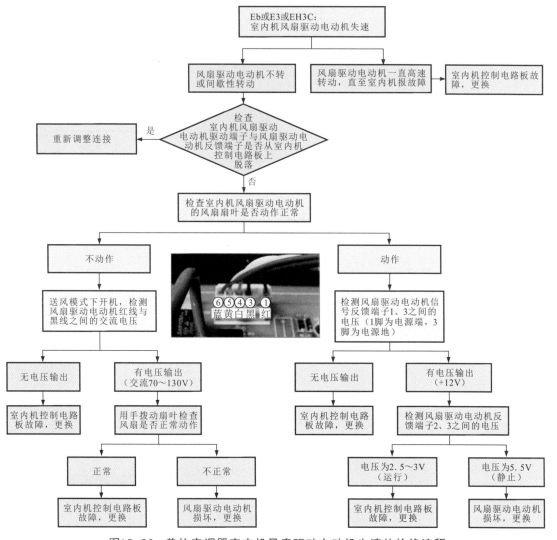

图15-29　美的空调器室内机风扇驱动电动机失速的检修流程

15.2.6 美的空调器室外机IPM模块保护的检修

图15-30为美的空调器室外机IPM模块保护的分析。

故障代码	室内机显示：P0 2019年后显示：PC00
故障说明	美的空调器室内机显示"P0"故障代码，表示当前故障为室外机IPM模块（变频模块）故障，2019年后显示"PC00"，表示当前故障为室外机IPM模块保护
故障部位或原因	• 室外机控制电路板。 • 压缩机连接绕组。 • 压缩机

图15-30　美的空调器室外机IPM模块保护的分析

图15-31为美的空调器室外机IPM模块保护的检修流程（一）。

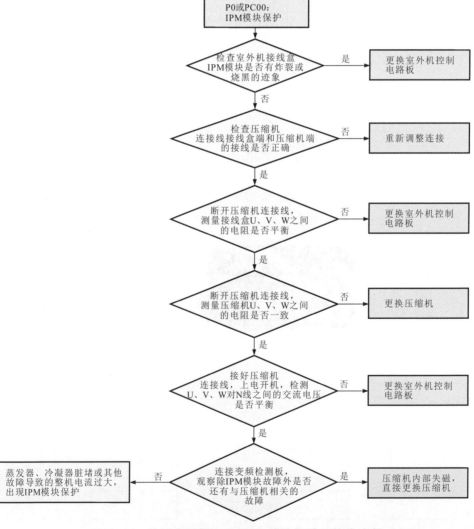

图15-31　美的空调器室外机IPM模块保护的检修流程（一）

图15-32为美的空调器室外机IPM模块保护的检修流程（二）。

```
┌─────────────────┐
│ P0或PC00：       │
│ IPM模块保护      │
└─────────────────┘
         │
         ▼
    ╱检查室外机╲           是      ┌──────────────┐
   ╱控制电路板IPM╲──────────────→│ 更换室外机控制 │
   ╲模块是否有炸裂╱              │ 电路板        │
    ╲或烧黑的迹象╱              └──────────────┘
         │否
         ▼
    ╱检查压缩机╲              否     ┌──────────────┐
   ╱连接线接线盒端╲──────────────→│ 重新调整连接   │
   ╲和压缩机端的接╱              └──────────────┘
    ╲线是否正确╱
         │是
         ▼
    ╱断开压缩机╲              否     ┌──────────────┐
   ╱连接线，测量压╲──────────────→│ 更换压缩机     │
   ╲缩机U、V、W之间╱             └──────────────┘
    ╲的电阻是否一致╱
         │是
         ▼
    ╱断开压缩机╲              否     ┌──────────────┐
   ╱连接线，测量接╲──────────────→│ 更换室外机控制 │
   ╲线盒U、V、W之间╱             │ 电路板        │
    ╲的电阻是否平衡╱             └──────────────┘
         │是
         ▼
┌─────────────────┐
│ 断开压缩机与模块之间的│
│ 连接线，测量以下电阻 │
└─────────────────┘
```

测量控制电路板上U（蓝）、V（红）、W（黑）之间的阻值	测量控制电路板上U、V、W分别与P（大电解电容的正极，IPM模块引脚处有标注）之间的阻值	测量控制电路板上U、V、W分别与N（大电解电容的正极，IPM模块引脚处有标注）之间的阻值	测量控制电路板上U+、V+、W+、U-、V-、W-分别与N之间的阻值
阻值范围：300~800kΩ，组合之间（如UV阻值与UW阻值的差）的阻值相差小于10kΩ	万用表的正极分别接U、V、W，负极接P，测量3组阻值差别不大，阻值范围为200~800kΩ，组合之间（如UP阻值与VP阻值的差）的阻值相差小于10kΩ	万用表的正极分别接U、V、W，负极接N，测量3组阻值差别不大，阻值范围为200~800kΩ，组合之间（如UN阻值与VN阻值的差）的阻值相差小于10kΩ	阻值为3~6kΩ，每组测量值相差范围应小于1kΩ
若阻值小于100kΩ或大于3MΩ或组合之间的阻值相差大于30kΩ，则确定室外机控制电路板故障，更换	若测量阻值小于50kΩ或大于3MΩ或组合之间的阻值相差大于30kΩ，则确定室外机控制电路板故障，更换	若测量阻值小于50kΩ或大于3MΩ或组合之间的阻值相差大于30kΩ，则确定室外机控制电路板故障，更换	若测量其中一路与地之间的阻值与其他几路的阻值有明显差异（阻值相差大于1kΩ），例如测量V+与N之间的阻值比W+与N之间的阻值相差大于1kΩ，若测量15V电源电压，若15V电源电压小于12V或大于18V，则确定室外机控制电路板故障，更换

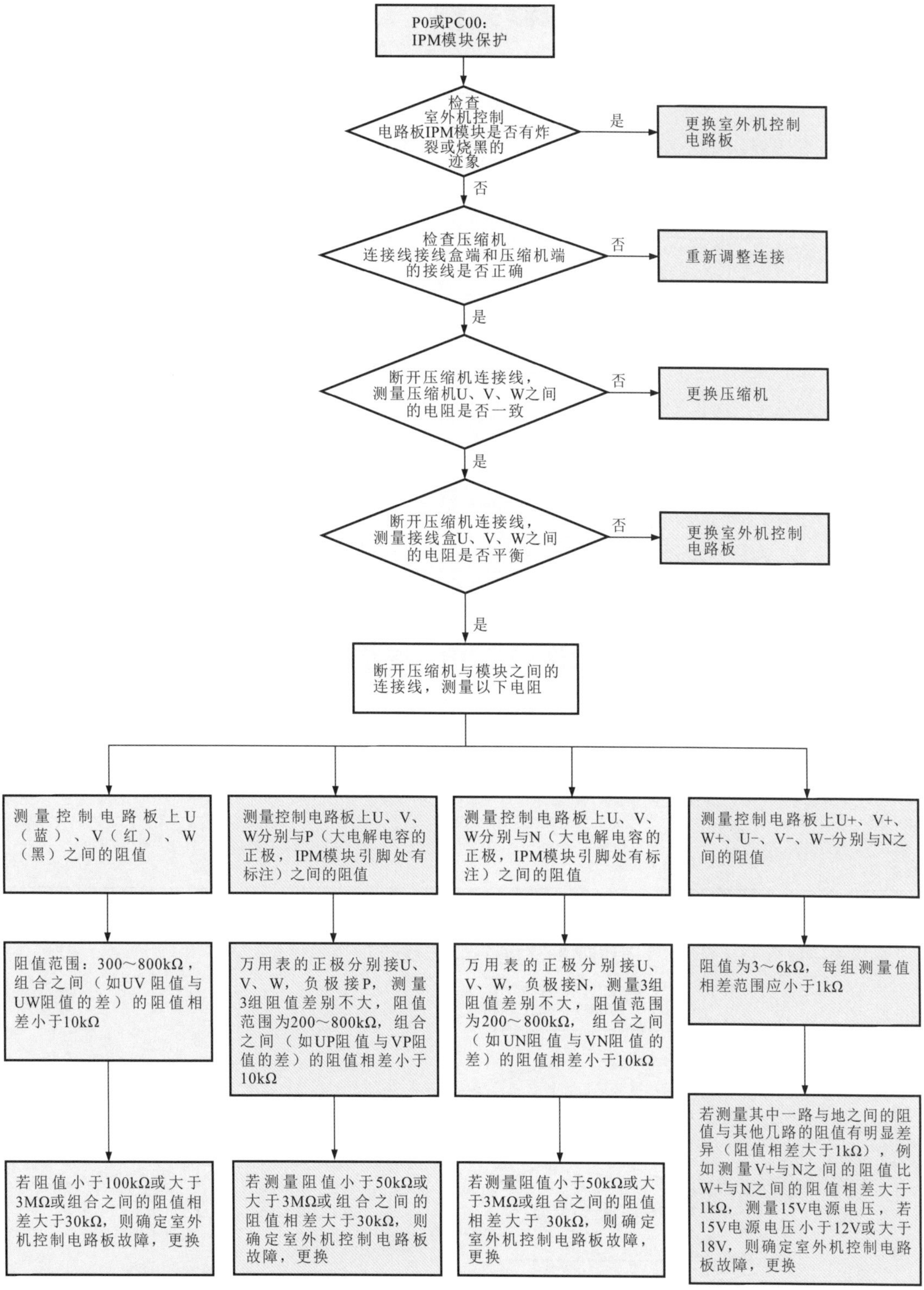

图15-32　美的空调器室外机IPM模块保护的检修流程（二）

15.3 TCL空调器综合检修实例

15.3.1 TCL空调器故障判别

TCL空调器出现故障，会通过显示故障代码提示故障部位。TCL空调器常见故障代码及故障原因见表15-5。

表15-5 TCL空调器常见故障代码及故障原因

故障代码	故障原因	故障代码	故障原因	故障代码	故障原因
E0	室内外机通信故障	E8	排气温度传感器异常	P0	模块保护
EC	室外机通信故障	E9	变频驱动、模块故障	P1	过、欠压保护
E1	室温传感器异常	EF	室外机风扇驱动电动机故障（直流电动机）	P2	过电流保护
E2	室内机管路温度传感器异常	EA	电流传感器故障	P4	排气温度过高保护
E3	室外机管路温度传感器异常	EE	EEPROM参数错误	P5	制冷防过冷保护
E4	系统异常	EP	压缩机顶部开关开	P6	制冷防过热保护（室外盘管温度过高保护）
E5	机型配置错误	EU	电压传感器故障	P7	制热防过热保护
E6	室内机风扇驱动电动机故障	EH	回气温度传感器异常	P8	室外机温度过高、过低保护
E7	室外机温度传感器异常			P9	驱动保护（负载异常）

15.3.2 TCL空调器模块保护（P0）的检修

图15-33为TCL空调器模块保护（P0）的分析。

故障代码	P0
故障说明	TCL空调器室内机显示"P0"故障代码，表示当前故障为IPM模块保护。
故障部位或原因	·室外机控制电路板。 ·模块安装异常

图15-33 TCL空调器模块保护（P0）的分析

图15-34为TCL空调器模块保护（P0）的检修流程。

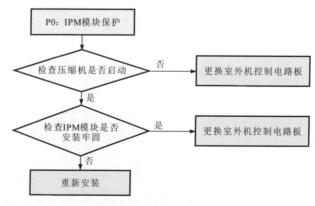

图15-34 TCL空调器模块保护（P0）的检修流程

15.3.3 TCL空调器排气温度保护（P4）的检修

图15-35为TCL空调器排气温度保护（P4）的分析。

故障代码	P4
故障说明	TCL空调器室内机显示"P4"故障代码，表示当前故障为排气温度保护
故障部位或原因	・排气温度传感器。 ・室外机风扇驱动电动机

图15-35　TCL空调器排气温度保护（P4）的分析

图15-36为TCL空调器排气温度保护（P4）的检修流程。

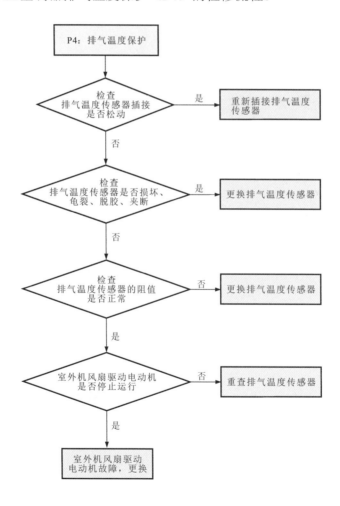

图15-36　TCL空调器排气温度保护（P4）的检修流程

15.3.4 TCL空调器制冷防冻结保护（P5）的检修

图15-37为TCL空调器制冷防冻结保护（P5）的分析。

故障代码	P5
故障说明	TCL空调器室内机显示"P5"故障代码，表示当前故障为制冷防冻结保护
故障部位或原因	• 室内机风扇驱动电动机。 • 室内机风扇驱动电动机的启动电容。 • 室内机风扇扇叶。 • 室内机管路温度传感器阻值漂移。 • 室内机控制电路板

图15-37　TCL空调器制冷防冻结保护（P5）的分析

图15-38为TCL空调器制冷防冻结保护（P5）的检修流程。

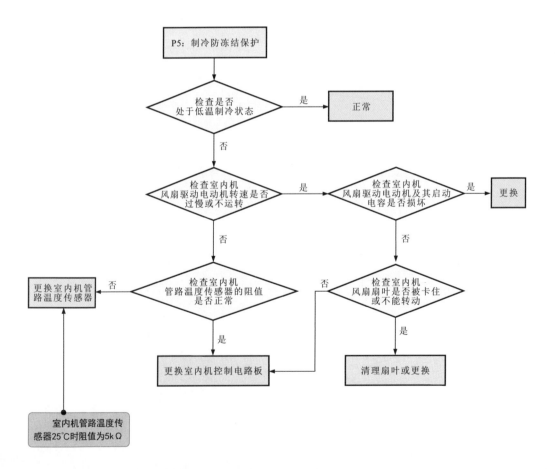

图15-38　TCL空调器制冷防冻结保护（P5）的检修流程

15.3.5 TCL空调器驱动保护（P9）的检修

图15-39为TCL空调器驱动保护（P9）的分析。

故障代码	P9
故障说明	TCL空调器室内机显示"P9"故障代码，表示当前故障为驱动保护。
故障部位或原因	• 压缩机接线端插接不良。 • 室外机控制电路板

图15-39 TCL空调器驱动保护（P9）的分析

图15-40为TCL空调器驱动保护（P9）的检修流程。

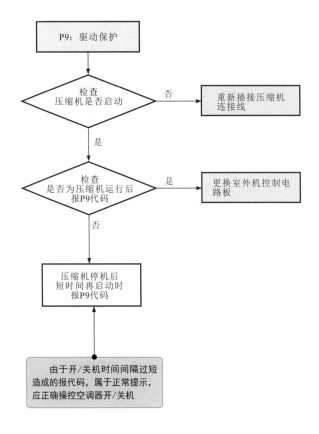

图15-40 TCL空调器驱动保护（P9）的检修流程

15.3.6 TCL空调器室内外机通信异常（E0）的检修

图15-41为TCL空调器室内外机通信异常（E0）的分析。

故障代码	E0
故障说明	TCL空调器室内机显示"E0"故障代码，表示当前故障为室内外机通信异常。
故障部位或原因	• 室内机风扇驱动电动机。 • 室内机风扇驱动电动机的启动电容。 • 室内机风扇机扇叶。 • 室内机管路温度传感器阻值漂移。 • 室内机控制电路板

图15-41　TCL空调器室内外机通信异常（E0）的分析

图15-42为TCL空调器室内外机通信异常（E0）的检修流程。

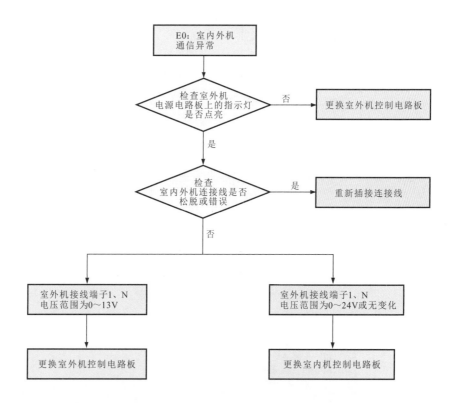

图15-42　TCL空调器室内外机通信异常（E0）的检修流程

15.3.7 TCL空调器室内机风扇驱动电动机故障（E6）的检修

图15-43为TCL空调器室内机风扇驱动电动机故障（E6）的分析。

故障代码	E6
故障说明	TCL空调器室内机显示"E6"故障代码，表示当前故障为室内机风扇驱动电动机故障
故障部位或原因	• 室内机风扇驱动电动机插接异常。 • 室内机风扇扇叶卡死。 • 室内机风扇驱动电动机损坏。 • 室内机控制电路板损坏

图15-43　TCL空调器室内机风扇驱动电动机故障（E6）的分析

图15-44为TCL空调器室内机风扇驱动电动机故障（E6）的检修流程。

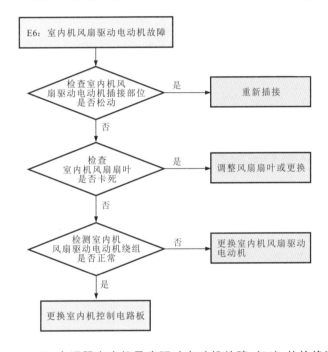

图15-44　TCL空调器室内机风扇驱动电动机故障（E6）的检修流程

15.3.8　TCL空调器压缩机顶部温控开关故障（EP）的检修

图15-45为TCL空调器压缩机顶部温控开关故障（EP）的分析。

故障代码	EP
故障说明	TCL空调器室内机显示"EP"故障代码，表示当前故障为压缩机顶部温控开关故障
故障部位或原因	• 温控开关接线异常。 • 温控开关断开。 • 室外机控制电路板

图15-45　TCL空调器压缩机顶部温控开关故障（EP）的分析

图15-46为TCL空调器压缩机顶部温控开关故障（EP）的检修流程。

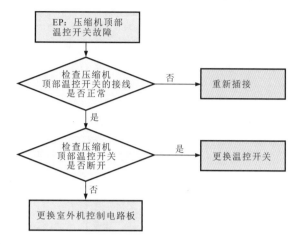

图15-46　TCL空调器压缩机顶部温控开关故障（EP）的检修流程

 15.4 志高空调器综合检修实例

15.4.1　志高空调器故障判别

志高空调器出现故障，会通过显示故障代码提示故障部位。志高空调器常见故障代码及故障原因见表15-6。

表15-6　志高空调器常见故障代码及故障原因

故障代码	故障原因	故障代码	故障原因
F1	室内外机通信故障	P1	蒸发器温度保护
F2	室内机环境温度传感器故障	P2	变频模块过热、过流保护
F3	室内机管路温度传感器故障	P3	交流输入电流过大保护
F4	室内机风扇驱动电动机故障	P4	压缩机排气温度保护
F5	室外机功率模块故障	P6	压缩机吸气温度保护
F6	室外机环境温度传感器故障	P7	电源过、欠压保护
F7	室外机管路温度传感器故障	P8	回气低压保护
F8	压缩机吸气温度传感器故障	P9	排气高压保护
F9	压缩机排气温度传感器故障	PA	冷凝器管路高温保护
FA	电流、电压互感器故障	PC	室外机环境温度超温保护
FC	压缩机驱动异常	PH	缺氟或换向阀保护
FD	电源相序错或缺相	PF	其他保护
FE	回气传感器异常	PE	室外机EEPROM读写错误
FF	其他故障	E0	柜机门没关紧
FH	室外机直流风扇驱动电动机故障	E50	柜机门升降故障

15.4.2 志高空调器室内外机通信故障（F1）的检修

图15-47为志高空调器室内外机通信故障（F1）的分析。

故障代码	F1
故障说明	志高空调器室内机显示"F1"故障代码或室内机运行灯闪烁1次，表示当前故障为室内外机通信故障
故障部位或原因	・室内机控制电路板。 ・室外机控制电路板

图15-47　志高空调器室内外机通信故障（F1）的分析

图15-48为志高空调器室内外机通信故障（F1）的检修流程。

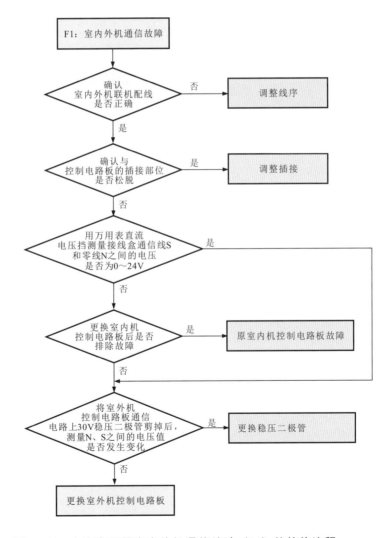

图15-48　志高空调器室内外机通信故障（F1）的检修流程

15.4.3 志高空调器室内机环境温度传感器故障（F2）的检修

图15-49为志高空调器室内机环境温度传感器故障（F2）的分析。

故障代码	F2
故障说明	志高空调器室内机显示"F2"故障代码或室内机运行灯闪烁2次，表示当前故障为室内机环境温度传感器故障
故障部位或原因	• 室内机环境温度传感器接线异常。 • 室内机环境温度传感器阻值异常。 • 室内机控制电路板

图15-49 志高空调器室内机环境温度传感器故障（F2）的分析

图15-50为志高空调器室内机环境温度传感器故障（F2）的检修流程。

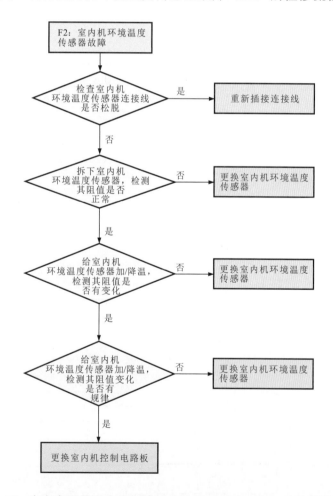

图15-50 志高空调器室内机环境温度传感器故障（F2）的检修流程

15.4.4 志高空调器室内机风扇驱动电动机故障（F4）的检修

图15-51为志高空调器室内机风扇驱动电动机故障（F4）的分析。

故障代码	F4
故障说明	志高空调器室内机显示"F4"故障代码或室内机运行灯闪烁4次，表示当前故障为室内机风扇驱动电动机故障
故障部位或原因	・室内机控制电路板。 ・室内机风扇驱动电动机。 ・室内机风扇

图15-51　志高空调器室内机风扇驱动电动机故障（F4）的分析

图15-52为志高空调器室内机风扇驱动电动机故障（F4）的检修流程。

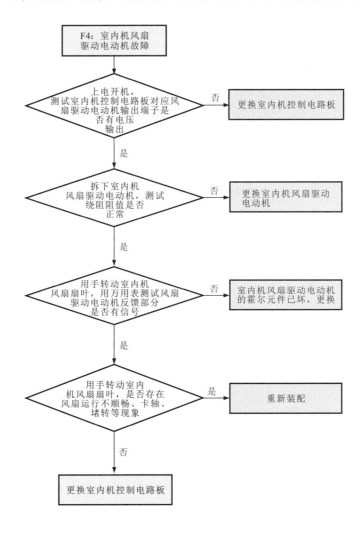

图15-52　志高空调器室内机风扇驱动电动机故障（F4）的检修流程

15.4.5 志高空调器室内机EEPROM参数错误（FH）的检修

图15-53为志高空调器室内机EEPROM参数错误（FH）的分析。

故障代码	FH
故障说明	志高空调器室内机显示"FH"故障代码，表示当前故障为室内机EEPROM参数错误
故障部位或原因	・EEPROM芯片参数。 ・EEPROM电路。 ・室内机控制电路板

图15-53　志高空调器室内机EEPROM参数错误（FH）的分析

图15-54为志高空调器室内机EEPROM参数错误（FH）的检修流程。

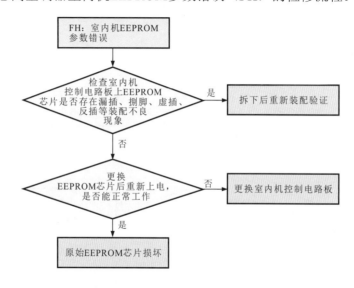

图15-54　志高空调器室内机EEPROM参数错误（FH）的检修流程

15.4.6 志高空调器压缩机驱动异常（FC）的检修

图15-55为志高空调器压缩机驱动异常（FC）的分析。

故障代码	FC
故障说明	志高空调器室内机显示"FC"故障代码，表示当前故障为压缩机驱动异常
故障部位或原因	・压缩机驱动电路板接线或散热异常。 ・压缩机驱动电路板。 ・室外机控制电路板

图15-55　志高空调器压缩机驱动异常（FC）的分析

图15-56为志高空调器压缩机驱动异常（FC）的检修流程。

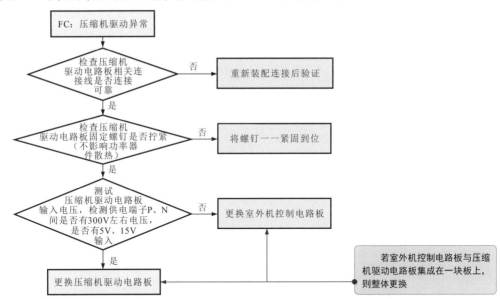

图15-56 志高空调器压缩机驱动异常（FC）的检修流程

15.5 长虹空调器综合检修实例

15.5.1 长虹空调器故障判别

长虹空调器出现故障，会通过显示故障代码提示故障部位。长虹空调器常见故障代码及故障原因见表15-7。

表15-7 长虹空调器常见故障代码及故障原因

故障代码	故障原因	故障代码	故障原因	
00	压缩机堵转	16	压缩机启动失败	1. 压缩机U、V、W未接
04	室内机收不到返回信号、连接线误配或其他			2. 位置反馈电路异常
06	室外温度过低，低于-20℃	17	反馈信号未捕获成功	
09	除霜保护	18	室外机盘管温度传感器脱落、断线、短路或移动	
0A	进入防冻结保护或控制异常	19	室外机排气温度传感器脱落、断线、短路或移动	
0B	制冷状态下室外机盘管冷凝压力保护或控制异常	20	室外机吸气温度传感器脱落、断线、短路或移动	
0C	室内机温度传感器脱落、断线、短路或移动	1A	室外机通信接收失败	
0D	室内机盘管温度传感器脱落、断线、短路或移动	1B	室外机温度传感器脱落、断线、短路或移动	
0E	制热状态下室内机盘管温度过载保护或控制异常	1C	HVIC保护	
0F	室内机辅助盘管温度传感器脱落、断线、短路或移动	1E	压缩机排气温度保护或控制异常	
11	室内机风扇驱动电动机锁定，驱动电路异常	1F	压缩机电流控制异常，超过关机电流	
14	1.反馈信号捕获错误			
	2.反馈信号未捕获成功			

多说两句！

长虹空调器的机型不同，虽然显示同样的故障代码，但所表示的故障原因可能不同。表15-8为长虹空调器不同机型的故障代码及故障原因。

表15-8　长虹空调器不同机型的故障代码及故障原因

机型	故障代码	故障原因	机型	故障代码	故障原因
G造型	E0	工作正常	KF-75LW/W3S、KFR-75LW/WD3S、KFR-120LW/WDS、KF-120LW/WS	H1	压缩机过流保护
	P1	制冷过载		H2	压缩机过流保护
	P2	制热过载		H3	检测不到压缩机电流
	F7	温度传感器损坏或异常		P1	制冷过载保护
	P5	系统异常		P2	制热过载保护
KFR-60LW/DXS	E0	工作正常		P3	系统异常保护
	E1	通信错误		P4	自动模式下室内机温度传感器异常
	P1	制冷过载	KFR-120LW/M、KFR-120LW/MAS、KFR-71LW/M、KFR-120LW/M、KFR-120LW/MAS、KFR-71LW/M	E1	在控制面板检测到从室内机传来的异常信息
	P2	制热过载		E2	在控制面板检测到从室内机传来的异常信息
	F1	高压开关保护		E3	在室内机检测到从控制面板传来的异常信息
	F2	室外机风扇驱动电动机热保护		E4	在室内机检测到从室外机传来的异常信息
	F3	室内机风扇驱动电动机热保护		E5	在室内机检测到从室外机传来的异常信息
	F7	温度传感器损坏或异常		E6	在室内机检测到从室内机传来的异常信息
	P5	系统异常		E7	在室外机检测到从室内机传来的异常信息
H1/H2/DF系列	E0	工作正常		P1	室内机风扇驱动电动机热保护器动作
	P1	制冷过载		P2	室外机风扇驱动电动机与压缩机热保护器动作
	P2	制热过载		P3	排气温度异常
	F7	温度传感器损坏或异常		P4	高压开关动作
	P5	系统异常		P5	逆相保护动作（KFR-71LW/M机型是控制面板上开关位置设置错）
KFR-120LW/M、KFR-120LW/MAS、KFR-71LW/M	F1	室内机热敏电阻断路或受损		P6	室内外机模式不兼容
	F2	室内机热敏电阻断路或受损	KFR-60LW/FS、KFR-71LW/FS、KFR-71LW/DFS、FS系列、DFS系列	E0	工作正常
	F4	室外机热敏电阻断路或受损		E1	通信错误
	F5	室外机热敏电阻断路或受损		P1	制冷过载
	F6	室外机热敏电阻断路或受损		P2	制热过载
	F7	室外机热敏电阻断路或受损		P5	空气清新模式异常
	F8	室外机热敏电阻断路或受损		F1	高压开关保护
	H1	压缩机电动机过载		F2	室外机风扇驱动电动机热保护
	H2	压缩机电动机堵转		F3	室内机风扇驱动电动机热保护
	H3	压缩机电流检测异常		F7	温度传感器损坏或异常（检测各温度）
	H6	低压开关动作（KFR-71LW/M无）		F8	系统异常
	H7	室内机和室外机线路或管道接错	J系列直流变频	r0 倒L0	逆变器直流过电压故障
48LW系列、60系列、51系列	E1	通信异常		r1 倒L1	逆变器直流低电压故障
	P1	制冷过载		r2 倒L2	逆变器交流过电流故障
	P2	制热过载		r3 倒L3	失步检出

表15-8　长虹空调器不同机型的故障代码及故障原因　　　　　　　（续）

机型	故障代码	故障原因	机型	故障代码	故障原因
48LW系列、60系列、51系列	P3	系统异常保护		r4 倒L4	欠相故障（速度推定脉动检出法）
	P4	自动模式下室内机温度传感器异常		r5 倒L5	欠相故障（电流不平衡检出法）
KFR-71LW/D、KFR-71LW/WDS、KF-71LW	E1	通信异常		r6 倒L6	逆变器IPM故障
	P1	制冷过载		r7 倒L7	PFC_IPM故障
	P2	制热过载		r8 倒L8	PFC输入电流异常
	P3	系统异常保护		r9 倒L9	直流电压异常
	P4	自动模式下室内机温度传感器异常		J0 J0	PFC低电压（有效值）异常
	F1	高压开关保护		J1 J1	功率模块异常
	F2	室外机风扇驱动电动机热保护		J2 J2	逆变器PWM逻辑设置故障
	F3	室内机风扇驱动电动机热保护		J3 J3	逆变器PWM初始化故障
KFR-50LW/WDS、KF-60LW/WCS、KF-71LW/WCS、KFR-51LW/WDAS、KFR-60LW/WDCS、KFR-71LW/WDAS、KFR-71LW/WDCS	E1	通信异常		J4 J4	PFC_PWM逻辑设置故障
	P1	制冷过载		J5 J5	PFC_PWM初始化故障
	P2	制热过载		J6 J6	温度异常
	F1	高压开关保护	J系列直流变频及变频全系列	J7 J7	分流电阻不平衡调整故障
	F2	室外机风扇驱动电动机热保护		J8 J8	通信断线
	F3	室内机风扇驱动电动机热保护		J9 J9	电动机参数设置故障
	F7	温度传感器损坏或异常		F0 F0	PG电动机故障（仅适用于壁挂式）
	F8	系统异常保护		F1 F1	室温传感器故障
KFR-45LW/WBQ、KFR-50LW/WBQ	F1	室内机温度传感器异常		F2 F2	室外机环境温度传感器故障
	F2	室内机管路温度传感器异常		F3 F3	室内机管路温度传感器故障
	F3	室外机环境温度传感器异常		F4 F4	室外机管路温度传感器故障
	F4	室外机管路温度传感器异常		F5 F5	压缩机排气温度传感器故障
	F5	压缩机排气温度传感器异常		F6 F6	室内机无法接收室外机通信
	P1	压缩机排气温度过热保护		F7 F7	室外机无法接收室内机通信
	P2	检测电流异常		F8 F8	室外机与压缩机驱动电路板通信故障
	P4	智能功率模块（IPM）故障保护		E0 E0	压缩机高温过载保护
	P5	电磁四通阀切换异常		E1 E1	室内机控制电路板无法接收显示面板通信（仅适用于柜机）
	E1	室内机控制电路板与操作面板之间通信异常		E2 E2	室外机风扇驱动电动机故障（适用室外机直流电动机）
	E2	室内机控制电路板与室外机控制电路板通信异常		E3 E3	显示面板无法接收室内机控制电路板通信（仅适用于柜机）
KF-75LW/W3S、KFR-75LW/WD3S、KFR-120LW/WDS、KF-120LW/WS	E1	控制电路板与操作面板之间通信错误		P1 P1	压缩机排气温度过热保护
	E2	控制电路板与室外机电路板通信错误		P2 P2	过电流保护
	F1	高压开关保护		P3 P3	制热除霜
	F2	室外机风扇驱动电动机过热保护		P4 P4	制热过载保护
	F3	室内机风扇驱动电动机过热保护		P5 P5	制冷防冻结
	F4	低压开关保护		P6 P6	制冷过载保护
	F5	逆相保护		C1 C1	无法读取EEPROM数据
	F6	缺相保护		E4 E4	室内机直流风扇驱动电动机故障

15.5.2 长虹空调器显示电路板无显示或显示乱码、遥控失常的检修

图15-57为长虹空调器显示电路板无显示或显示乱码、遥控失常的故障分析。

故障代码	无显示或显示乱码
故障说明	长虹空调器显示电路板无任何显示或显示乱码，遥控失常，无反应
故障部位或原因	• 电源电路板。 • 显示电路板与控制电路板连接异常。 • 遥控器电池无电。 • 遥控器损坏

图15-57 长虹空调器显示电路板无显示或显示乱码、遥控失常的故障分析

图15-58为长虹空调器显示电路板无显示或显示乱码、遥控失常的检修流程。

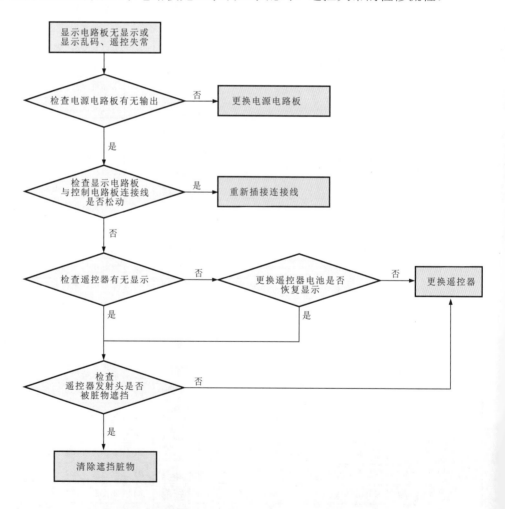

图15-58 长虹空调器显示电路板无显示或显示乱码、遥控失常的检修流程

15.5.3 长虹空调器室外机直流风扇驱动电动机异常（E2）的检修

图15-59为长虹空调器室外机直流风扇驱动电动机异常（E2）的分析。

故障代码	E2
故障说明	长虹空调器室内机显示"E2"故障代码，表示当前故障为室外机直流风扇驱动电动机异常
故障部位或原因	• 室外机直流风扇驱动电动机接线松动。 • 直流风扇驱动电动机。 • 直流风扇驱动电动机驱动电路。 • 室外机控制电路板

图15-59　长虹空调器室外机直流风扇驱动电动机异常（E2）的分析

图15-60为长虹空调器室外机直流风扇驱动电动机异常（E2）的检修流程。

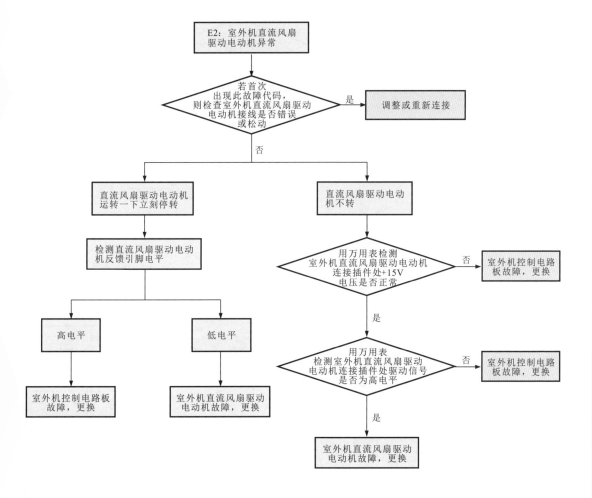

图15-60　长虹空调器室外机直流风扇驱动电动机异常（E2）的检修流程

15.5.4 长虹空调器不制冷或制冷效果差的检修

图15-61为长虹空调器不制冷或制冷效果差的分析。

故障说明	长虹空调器不制冷或制冷效果差
故障部位或原因	• 房间热负荷过大、发热源多、设置不当等。 • 室内机温度传感器位置不当。 • 室外机温度传感器、管路温度传感器。 • 室内机进风口堵。 • 系统缺氟。 • 截止阀、电磁四通阀、毛细管、压缩机

图15-61　长虹空调器不制冷或制冷效果差的分析

图15-62为长虹空调器不制冷或制冷效果差的检修流程。

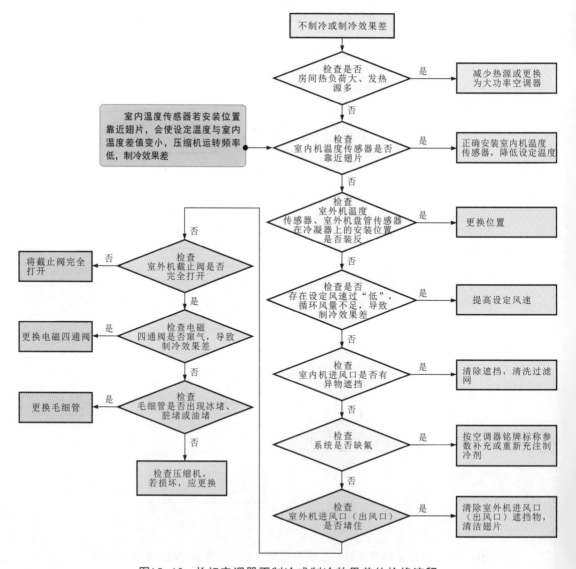

图15-62　长虹空调器不制冷或制冷效果差的检修流程

15.5.5 长虹空调器室外机不动作的检修

图15-63为长虹空调器室外机不动作的分析。

故障说明	长虹空调器室外机不动作
故障部位或原因	·温度设定不正常。 ·遥控器损坏。 ·室内机或室外机控制电路板损坏

图15-63　长虹空调器室外机不动作的分析

图15-64为长虹空调器室外机不动作的检修流程。

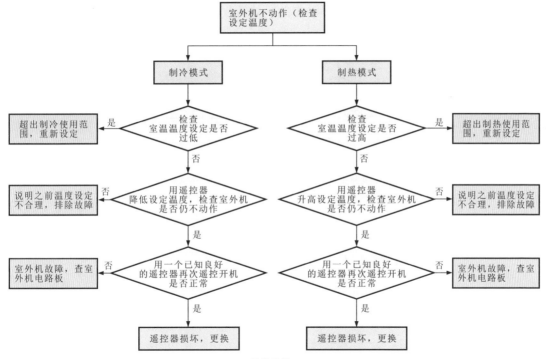

（a）检修流程（一）

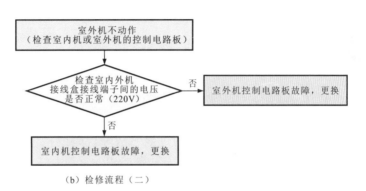

（b）检修流程（二）

图15-64　长虹空调器室外机不动作的检修流程

15.5.6 长虹空调器室内机不动作的检修

图15-65为长虹空调器室内机不动作的分析。

故障说明	长虹空调器室内机不动作
故障部位或原因	• 室内机电源电路中的变压器损坏。 • 室内机电源电路中的桥式整流电路损坏。 • 室内机控制电路板损坏

图15-65　长虹空调器室内机不动作的分析

图15-66为长虹空调器室内机不动作的检修流程。

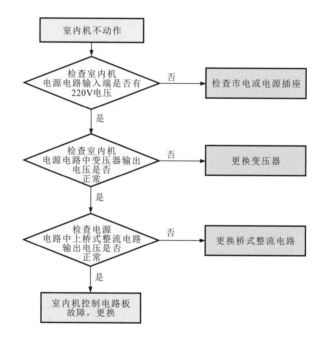

图15-66　长虹空调器室内机不动作的检修流程

15.6 海尔空调器综合检修实例

15.6.1 海尔空调器故障判别

海尔空调器出现故障，会通过显示故障代码或指示灯闪烁次数提示故障部位。海尔空调器常见故障代码及故障原因见表15-9。

表15-9　海尔空调器常见故障代码及故障原因

	故障代码	故障原因	故障代码	故障原因
室内机	01（E1）	室内机温度传感器故障	02（E2）	室内机管路温度传感器故障
	03	室内机管路温度传感器故障	04	室内机双热源温度传感器故障
	05（E4）	室内机EEPROM参数错误	06（E7、E9）	室内机与室外机通信故障
	07（E8）	操作面板与室内机控制电路板通信故障	08（E10）	室内机排水故障
	09	室内机地址重复故障	E14	室内机直流风扇驱动电动机异常
室外机	01	室外机除霜温度传感器故障	02（E3、F6）	室外机环境温度传感器故障
	03（F7）	压缩机吸气口温度传感器故障	04（E4、F25）	压缩机排气口温度传感器故障
	05（F21）	室外机盘管中部温度传感器故障	06	电源电流保护
	09	功率模块故障	10（F12）	控制电路板EEPROM参数错误
	11（F4）	压缩机排气温度过热保护	13	高压压力开关动作
	14	低压压力开关动作	16（F30）	压缩机吸气温度保护动作
	19	低频时压缩机排气温度保护	20	控制电路板与功率模块故障
	21	压缩机过电流故障	22	室外机通信故障
	23（F1）	IPM功率模块保护	24	IPM功率模块温度过高
	25	加速运转阶段过电流（硬件）故障	26	静态过电流
	27	减速运转阶段过电流故障	28	电压过低
	29	电压过高	30	加速运转阶段过电流（软件）故障
	31	过载保护	32	静态过电流（软件）
	33	减速运转阶段过电流（软件）故障	34	压缩机未连接
	35	与控制电路板通信超时	36	切换失效
	37	意外停机，无法调整	38	芯片复位
	39	温度传感器故障	40	电流回路检测
	E5	过电流或电源相序保护	E6	高压保护、低压保护
	F8	室外机直流风扇驱动电动机异常	F11	压缩机故障

注：括号内表示有些机型显示的故障代码，如01（E1）表示有些机型显示故障代码01，有些机型显示故障代码E1。

海尔空调器指示灯闪烁次数表示的故障原因见表15-10。

表15-10　海尔空调器指示灯闪烁次数表示的故障原因

	指示灯闪烁次数	故障原因
室内机	1次	室内机温度传感器故障
	2次	室内机管路温度传感器故障
	3次	室内机管路出口温度传感器故障
	4次	制热时，室内机管路温度传感器温度过高（＞72℃）保护
	5次	制冷时，室内机管路温度传感器温度过低（＜0℃）保护
	6次	瞬时停电时单片机复位
	7次	室内外机通信异常
	8次	室内机风扇驱动电动机故障

表15-10　海尔空调器指示灯闪烁次数表示的故障原因　　　　　　（续）

室内机	电源灯闪烁次数（故障代码）	故障原因
	9次	瞬时停电
	10次	过流保护

	定时指示灯闪烁次数（部分机型）	故障原因	故障指示灯闪烁次数（部分机型）	故障原因
室外机	1次	功率模块故障（功率模块过热、过流）	1次	室外机EEPROM参数错误
	2次	压缩机异常或电流传感器感应电流太小	2次	IPM功率模块故障
	3次	CTR功率模块过热	3次	检测电流异常
	4次	制热时压缩机温度传感器温度超过120℃保护（压缩机过热保护）	4次	室外机控制电路板与功率模信通信故障（室内机显示代码F3）
	5次	过流保护	5次	制冷系统过压力保护
	6次	室外机环境温度传感器故障	6次	电源超、欠压保护
	7次	室外机管路温度传感器故障	7次	压缩机堵转
	8次	正常停机	18次	压缩机运行失步/压缩机脱离位置
	9次	压缩机吸、排气压力（高、低）过高	19次	位置检测回路故障
	10次	电源过/欠压保护	8次	压缩机排气温度过高
	11次	瞬时断电保护	9次	室外机直流风扇驱动电动机异常
	12次	制冷过载或制热时室外机温度传感器温度过高（＞70℃）保护	10次、12次	室外机管路、环境温度传感器故障
	13次	化霜异常	11次、13次	压缩机吸气、排气温度传感器故障
	14次	单片机读入EEPROM数据错误	14次	压缩机吸气温度过高
	15次	瞬时断电时单片机复位	15次	室内外机通信故障
			21次	室内机制热过载保护
			22次	室内机制冷结冰保护
			24次	压缩机过电流停机
			25次	相电流过流保护

海尔空调器三个指示灯闪烁表示的故障原因见表15-11。

表15-11　海尔空调器三个指示灯闪烁表示的故障原因

指示灯	故障原因
闪、灭、灭	室内机温度传感器故障
闪、亮、亮	室内机管路温度传感器故障
闪、灭、亮	压缩机运转异常
闪、闪、亮	功率模块或外围电路故障
闪、闪、灭	过流保护
闪、闪、闪	制热时，蒸发器温度上升（68℃以上）或室内机风扇驱动电动机风量小
闪、灭、闪	电流互感器断线保护
亮、闪、亮	功率模块异常
灭、灭、闪	通信异常
灭、闪、灭	压缩机排气管温度超过120℃
灭、闪、亮	电源故障

15.6.2 海尔空调器室内机管路温度传感器异常（E2）的检修

图15-67为海尔空调器室内机管路温度传感器异常（E2）的分析。

故障代码	E2
故障说明	海尔空调器室内机显示"E2"故障代码或代码"02"，表示当前故障为室内机管路温度传感器异常
故障部位或原因	• 室内机管路温度传感器接线。 • 室内机管路温度传感器自身。 • 室内机管路温度传感器输入端的滤波电容和分压电阻。 • 室内机控制电路板

图15-67 海尔空调器室内机管路温度传感器异常（E2）的分析

图15-68为海尔空调器室内机管路温度传感器异常（E2）的检修流程。

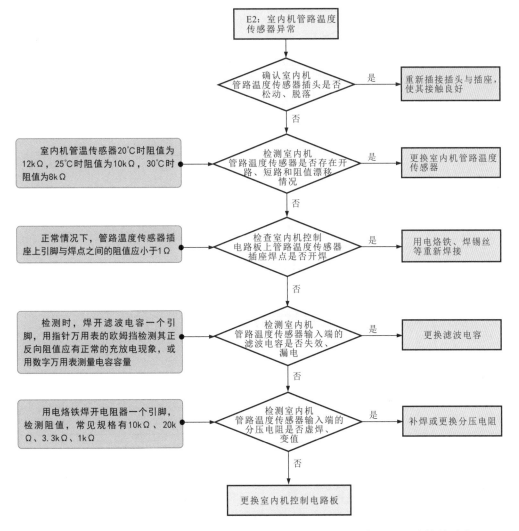

图15-68 海尔空调器室内机管路温度传感器异常（E2）的检修流程

15.6.3 海尔空调器室内机EEPROM参数错误（E4）的检修

图15-69为海尔空调器室内机EEPROM参数错误（E4）的分析。

故障代码	E4
故障说明	海尔空调器室内机显示"E4"故障代码，表示当前故障为室内机EEPROM参数错误
故障部位或原因	• 市电电源电压不稳。 • 室内机控制电路板。 • EEPROM程序电路及外围元器件

图15-69　海尔空调器室内机EEPROM参数错误（E4）的分析

图15-70为海尔空调器室内机EEPROM参数错误（E4）的检修流程。

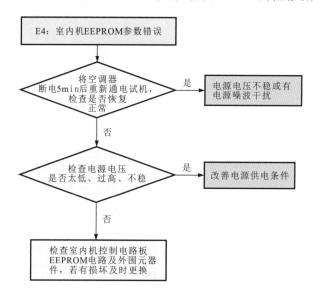

图15-70　海尔空调器室内机EEPROM参数错误（E4）的检修流程

15.6.4 海尔空调器室内机制热过载保护的检修

图15-71为海尔空调器室内机制热过载保护的分析。

故障代码	室内机显示屏不报故障代码，室外机控制电路板故障报警灯闪烁21次
故障说明	此故障现象为室内机制热过载保护
故障部位或原因	• 室内机过滤网脏堵。 • 室内机管路温度传感器异常。 • 室内机环境温度高、温度或风速设定不合理。 • 室内机风扇驱动电动机。 • 室内机控制电路板

图15-71　海尔空调器室内机制热过载保护的分析

图15-72为海尔空调器室内机制热过载保护的检修流程。

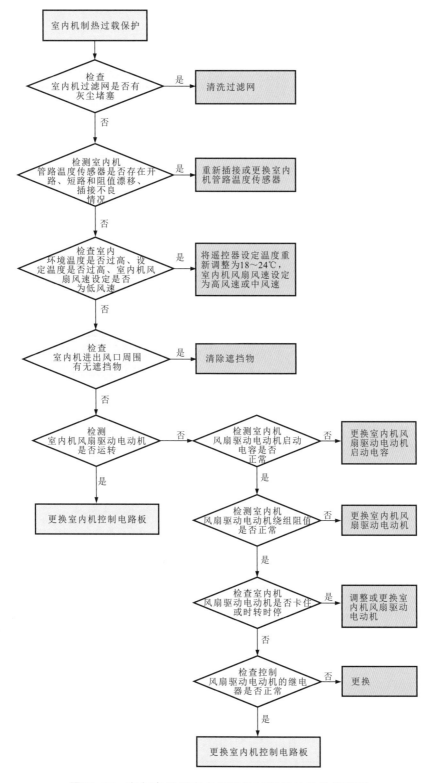

图15-72　海尔空调器室内机制热过载保护的检修流程

15.6.5 海尔空调器室内机制冷结冰保护的检修

图15-73为海尔空调器室内机制冷结冰保护的分析。

故障代码	室内机不显示故障代码,室外机控制电路板故障指示灯闪烁22次
故障说明	此故障为制冷时,室内机管路温度传感器低于0℃保护
故障部位或原因	• 室内机滤尘网、环境温度或设定温度不合适。 • 室内机风扇驱动电动机。 • 系统制冷剂不足。 • 室内机控制电路板。 • 压缩机继电器

图15-73 海尔空调器室内机制冷结冰保护的分析

图15-74为海尔空调器室内机制冷结冰保护的检修流程。

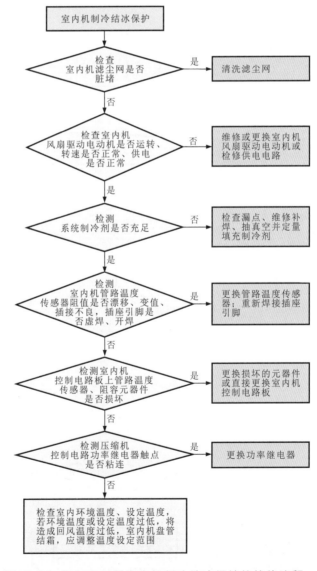

图15-74 海尔空调器室内机制冷结冰保护的检修流程

15.6.6 海尔空调器室内外机通信故障（E7）的检修

图15-75为海尔空调器室内外机通信故障（E7）的分析。

故障代码	室内机显示故障代码E7，室外机控制电路板故障指示灯闪烁15次
故障说明	海尔空调器室内机显示"E7"故障代码，室外机控制电路板故障指示灯闪烁15次，表示当前故障为室内外机通信故障
故障部位或原因	· 室内外机联机配线异常。 · 室内机控制电路板。 · 室外机控制电路板

图15-75　海尔空调器室内外机通信故障（E7）的分析

图15-76为海尔空调器室内外机通信故障（E7）的检修流程。

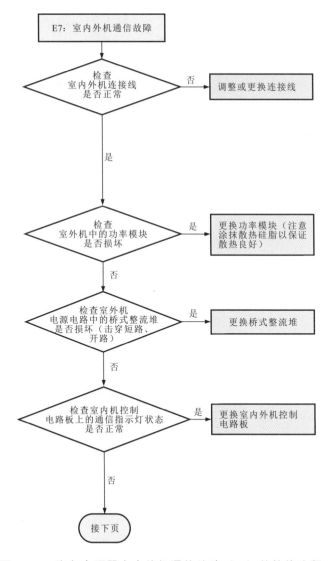

图15-76　海尔空调器室内外机通信故障（E7）的检修流程

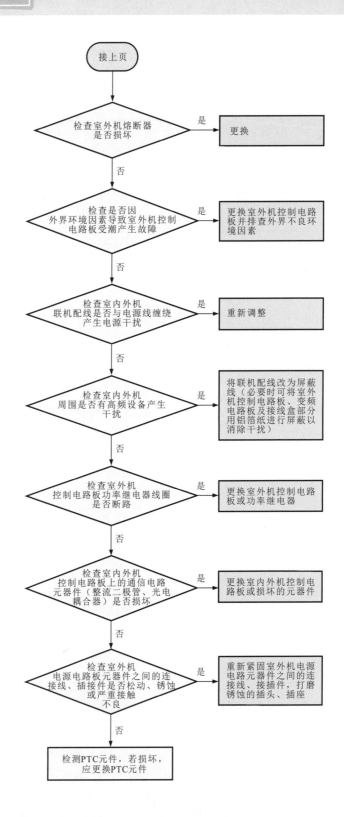

图15-76　海尔空调器室内外机通信故障（E7）的检修流程（续）

15.6.7 海尔空调器功率模块保护（F1）的检修

图15-77为海尔空调器功率模块保护（F1）的分析。

故障代码	室内机显示故障代码F1，室外机控制电路板故障指示灯闪烁2次
故障说明	海尔空调器室内机显示"F1"故障代码，室外机控制电路板故障灯闪烁2次，表示当前故障为功率模块保护
故障部位或原因	· 功率模块。 · 室外机控制电路板。 · 压缩机。 · 制冷系统压力过高

图15-77 海尔空调器功率模块保护（F1）的分析

图15-78为海尔空调器功率模块保护（F1）的检修流程。

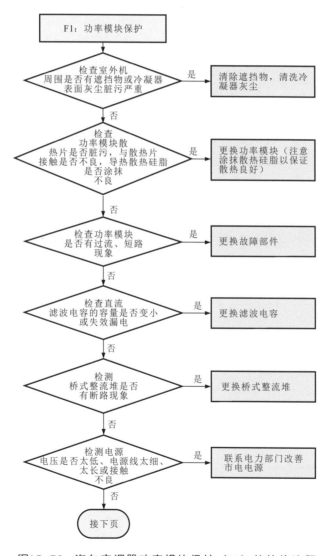

图15-78 海尔空调器功率模块保护（F1）的检修流程

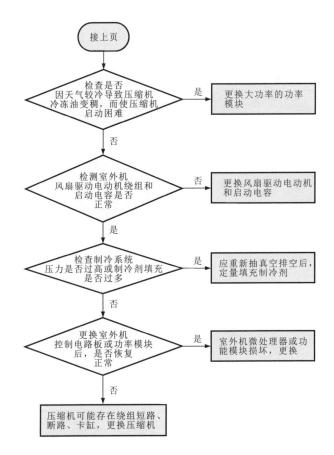

图15-78　海尔空调器功率模块保护（F1）的检修流程（续）

15.6.8　海尔空调器压缩机排气温度过高保护（F4）的检修

图15-79为海尔空调器压缩机排气温度过高保护（F4）的分析。

故障代码	室内机显示故障代码F4，室外机控制电路板故障指示灯闪烁8次
故障说明	海尔空调器室内机显示"F4"故障代码，室外机控制电路板故障指示灯闪烁8次，表示当前故障为压缩机排气温度过高保护
故障部位或原因	·压缩机排气温度传感器插接不良。 ·压缩机排气温度传感器损坏。 ·室外机控制电路板上压缩机排气温度传感器连接插座接触不良。 ·室外机控制电路板上压缩机排气温度传感器检测电路输入接口端滤波电容或分压电阻损坏。 ·室外机控制电路板损坏。 ·制冷系统压力偏低，制冷剂泄漏

图15-79　海尔空调器压缩机排气温度过高保护（F4）的分析

图15-80为海尔空调器压缩机排气温度过高保护（F4）的检修流程。

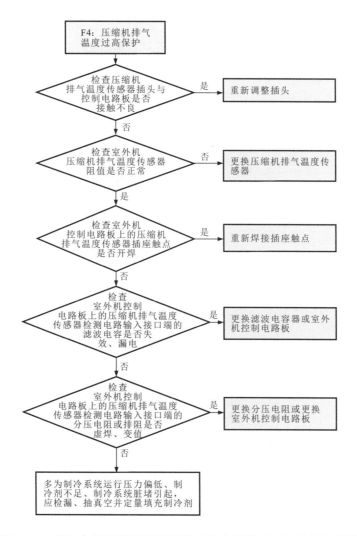

图15-80 海尔空调器压缩机排气温度过高保护（F4）的检修流程

 15.7 奥克斯空调器综合检修实例

15.7.1 奥克斯空调器故障判别

奥克斯空调器出现故障，会通过显示故障代码或指示灯闪烁提示故障部位。奥克斯空调器常见故障代码及故障原因见表15-12。

表15-12 奥克斯空调器常见故障代码及故障原因

序号	故障代码	故障原因	序号	故障代码	故障原因
1	E1	室内机环境温度传感器故障	10	F2	PFC保护故障
2	E2	室外机管路温度传感器故障	11	F3	压缩机失步故障
3	E3	室内机管路温度传感器故障	12	F4	排气传感器故障

307

表15-12　奥克斯空调器常见故障代码及故障原因　　　　　　　　（续）

序号	故障代码	故障原因	序号	故障代码	故障原因
4	E4	室内机风扇驱动电动机故障（挂机），滑动门或除尘门故障（柜机）	13	F5	压缩机顶盖温度传感器故障
5	E5	室内外机通信故障	14	F6	室外机环境温度传感器故障
6	E8	显示电路板通信故障（柜机）	15	F7	过/欠压保护故障
7	E9	室内机直流风扇驱动电动机故障（柜机）	16	F8	室外机控制电路板与模块通信故障
8	F0	室外机直流风扇驱动电动机故障	17	F9	室外机EEPROM参数错误
9	F1	模块保护故障	18	FA	回气传感器故障

　　奥克斯空调器有些机型的室外机控制电路板上设有LED指示灯，可根据LED指示灯的状态或闪烁次数判断故障。

　　奥克斯空调器室外机LED指示灯的识读见表15-13。

表15-13　奥克斯空调器室外机LED指示灯的识读

设有3个LED指示灯的空调器			故障原因	设有1个LED指示灯的空调器（LED指示灯的闪烁次数）	故障原因
LED1	LED2	LED3			
灭	灭	灭	正常（室外机待机）	1次	模块保护
闪	闪	闪	正常（压缩机运行中）	2次	过/欠压保护故障
亮	亮	亮	强制运行（测试模式）	3次	过电流保护
闪	闪	亮	模块保护故障	4次	排气温度保护
闪	闪	灭	PFC保护故障	5次	室外机管路高温保护
闪	亮	闪	压缩机失步故障	6次	驱动保护
闪	灭	闪	排气传感器故障	7次	与室内机通信故障
亮	闪	闪	室外机管路温度传感器故障	8次	压缩机过热故障
灭	闪	闪	室外机环境温度传感器故障	9次	室外机环境温度传感器短/断路故障
闪	亮	亮	室内外机通信故障	10次	室外机管路温度传感器短/断路故障
亮	亮	灭	室外机控制电路板与模块板通信故障	11次	排气温度传感器短/断路故障
闪	灭	亮	室外机EEPROM参数错误	12次	电压传感器故障
闪	灭	灭	室外机直流风扇驱动电动机故障	13次	电流传感器故障
亮	闪	亮	室内机环境温度传感器故障	14次	模块故障
亮	闪	灭	室内机管路温度传感器故障	15次	室外机通信故障
灭	灭	亮	室内机风扇驱动电动机故障	16次	直流风扇驱动电动机无反馈
灭	闪	灭	其他故障或保护	18次	回气温度传感器故障
亮	亮	闪	压缩机顶盖温度传感器故障	19次	室外机EEPROM参数错误
亮	灭	闪	回气传感器故障	20次	室外机风扇驱动电动机保护
灭	亮	闪	※压缩机超功率保护	21次	室内机风扇驱动电动机保护
灭	灭	闪	※过电流保护	22次	除霜状态
亮	亮	灭	排气传感器故障	23次	系统故障
亮	灭	亮	※制冷防过载保护	24次	机型匹配
灭	亮	亮	※制热室内机防高温保护	25次	室内机环境温度传感器故障
亮	灭	灭	※制冷室内机防冻结保护	26次	室内机主管路温度传感器故障

表15-13 奥克斯空调器室外机LED指示灯的识读 （续）

设有3个LED指示灯的空调器			故障原因	设有1个LED指示灯的空调器（LED指示灯的闪烁次数）	故障原因
LED1	LED2	LED3			
灭	亮	灭	压缩机壳体温度保护	27次	室内机EEPROM参数错误
灭	灭	亮	※过/欠压保护故障	28次	室内机风扇驱动电动机故障
				29次	室内机副管路温度传感器故障
				30次	室外机驱动异常
				31次	※室外机工作环境异常保护
				32次	※室内机管路冻结保护
				33次	※室内机管路过热保护

注：带※号的保护功能，只有导致整机无法正常工作时才需重点关注，除此之外是正常的限制频率功能提示，不能据此确认空调器工作不正常。

15.7.2 奥克斯空调器室内机温度传感器故障（E1）的检修

图15-81为奥克斯空调器室内机温度传感器故障（E1）的分析。

故障代码	E1
故障说明	奥克斯空调器室内机显示"E1"故障代码，表示当前故障为在室内机控制电路板上检测到室内机环境温度传感器的返回电压值超出了正常范围，即室内机温度传感器故障
故障部位或原因	• 室内机环境温度传感器。 • 室内机控制电路板

图15-81 奥克斯空调器室内机温度传感器故障（E1）的分析

图15-82为奥克斯空调器室内机温度传感器故障（E1）的检修流程。

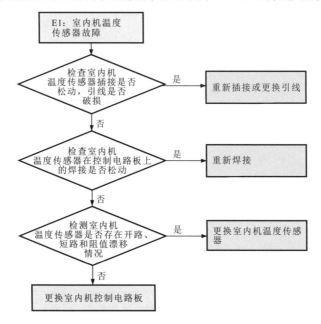

图15-82 奥克斯空调器室内机温度传感器故障（E1）的检修流程

15.7.3 奥克斯空调器滑动门故障（E4）的检修

图15-83为奥克斯空调器滑动门故障（E4）的分析。

故障代码	E4
故障说明	奥克斯空调器室内机显示"E4"故障代码，表示当前故障为柜式室内机滑动门出现故障
故障部位或原因	·滑动板机械卡阻。 ·光电开关。 ·可逆同步电动机。 ·室内机控制电路板

图15-83 奥克斯空调器滑动门故障（E4）的分析

图15-84为奥克斯空调器滑动门故障（E4）的检修流程。

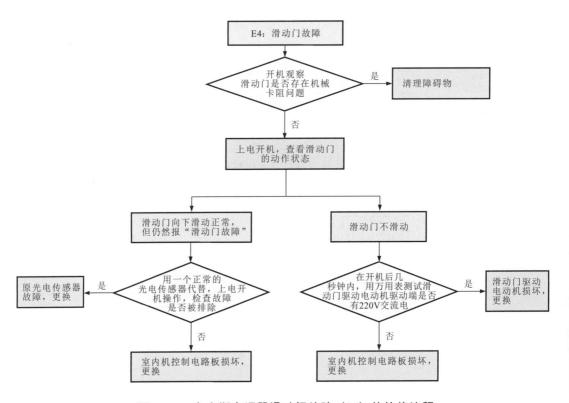

图15-84 奥克斯空调器滑动门故障（E4）的检修流程

多说两句！

需要注意的是，奥克斯空调器柜式室内机中的光电传感器有上下两个，关机时报故障检查上光电传感器，开机时报故障检查下光电传感器。上下两个光电传感器的连接端子有颜色差别，需要对应插接，如果插反，会出现滑动门打不开的情况。

15.7.4 奥克斯空调器室内外机通信异常（E5）的检修

图15-85为奥克斯空调器室内外机通信异常（E5）的分析。

故障代码	E5
故障说明	奥克斯空调器室内机显示"E5"故障代码，表示当前故障为室内外机通信异常
故障部位或原因	• 联机配线相序错误。 • 室内机控制电路板。 • 室外机控制电路板。 • EEPROM芯片插反

图15-85 奥克斯空调器室内外机通信异常（E5）的分析

图15-86为奥克斯空调器室内外机通信异常（E5）的检修流程。

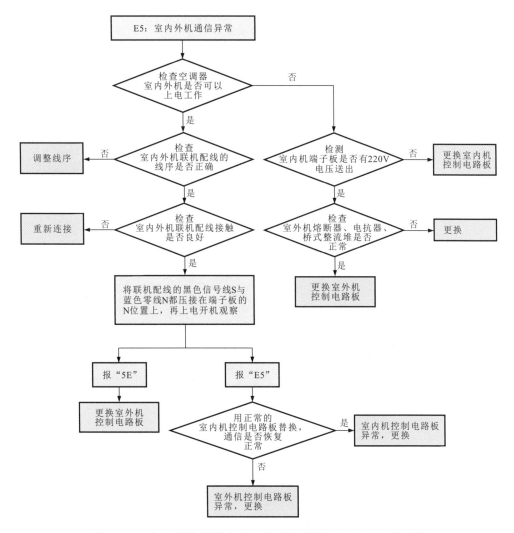

图15-86 奥克斯空调器室内外机通信异常（E5）的检修流程

15.7.5 奥克斯空调器缺逆相（低压）保护（E6）的检修

图15-87为奥克斯空调器缺逆相（低压）保护（E6）的分析。

故障代码	E6
故障说明	奥克斯空调器室内机显示"E6"故障代码，表示当前故障为缺逆相（低压）保护
故障部位或原因	・电源线相序。 ・压力开关。 ・相序板。 ・相序板信号连接线

图15-87 奥克斯空调器缺逆相（低压）保护（E6）的分析

图15-88为奥克斯空调器缺逆相（低压）保护（E6）的检修流程。

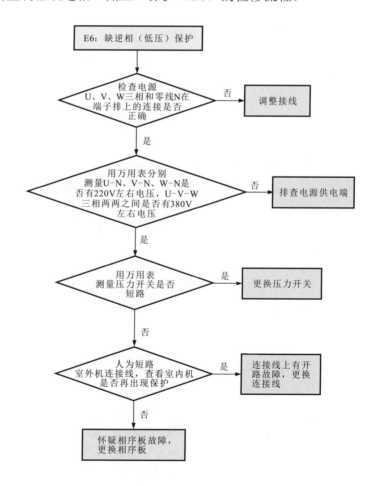

图15-88 奥克斯空调器缺逆相（低压）保护（E6）的检修流程

15.7.6 奥克斯空调器室内机直流风扇驱动电动机异常（E9）的检修

图15-89为奥克斯空调器室内机直流风扇驱动电动机异常（E9）的分析。

故障代码	E9
故障说明	奥克斯空调器室内机显示"E9"故障代码，表示当前故障为室内机直流风扇驱动电动机异常
故障部位或原因	• 室内机直流风扇驱动电动机机械卡阻。 • 室内机直流风扇驱动电动机。 • 室内机控制电路板

图15-89　奥克斯空调器室内机直流风扇驱动电动机异常（E9）的分析

图15-90为奥克斯空调器室内机直流风扇驱动电动机异常（E9）的检修流程。

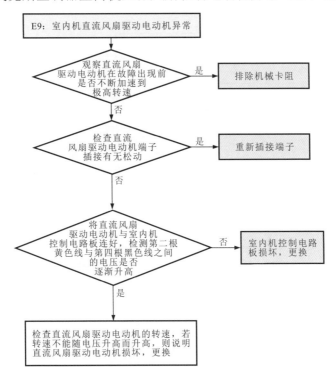

图15-90　奥克斯空调器室内机直流风扇驱动电动机异常（E9）的检修流程

多说两句！

　　奥克斯空调器室内机采用直流风扇驱动电动机时，直流风扇驱动电动机与室内机控制电路的连接线为5根引线。5根引线功能：从直流风扇驱动电动机端子中的4根线并排的一边最外侧数，第1根是速度反馈线，直流风扇驱动电动机转动时应该有0.5～5V电压；第2根是驱动线，直流风扇驱动电动机转动时应该有2.0～7.5V电压；第3根是15V电源线，正常时应该是稳定的15V；第4根是0V直流地线；第5根（单独的一根线）是310V直流电压线，正常时应该有310V直流电压。

15.7.7 奥克斯空调器功率模块保护（F1）的检修

图15-91为奥克斯空调器功率模块保护（F1）的分析。

故障代码	F1
故障说明	奥克斯空调器室内机显示"F1"故障代码，表示当前故障为功率模块保护
故障部位或原因	• 电源电压。 • 压缩机绕组连接线。 • 压缩机。 • 电抗器连接线。 • 电抗器。 • 制冷系统压力异常。 • 室外机控制电路板

图15-91　奥克斯空调器功率模块保护（F1）的分析

图15-92为奥克斯空调器功率模块保护（F1）的检修流程。

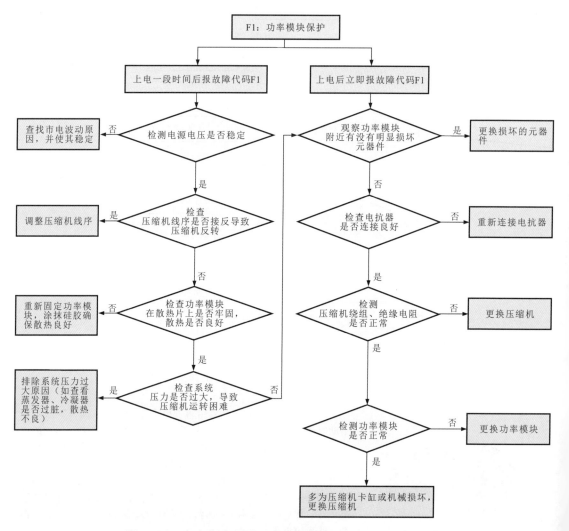

图15-92　奥克斯空调器功率模块保护（F1）的检修流程

15.7.8 奥克斯空调器上电跳闸的检修

图15-93为奥克斯空调器上电跳闸的分析。

故障说明	上电跳闸在维修空调器时经常发生，需要维修人员注意排查可能的原因
故障部位或原因	·整机运行电流太大超过了空气开关的承载能力。 ·空调器内有元器件短路，上电时导致空气开关短路保护跳闸。 ·空调器内有元器件对地漏电，工作时因为漏电流太大使空气开关跳闸。 ·同一个空气开关上有多个大功率电器，空调器运行时因为总电流过大导致空气开关跳闸

图15-93 奥克斯空调器上电跳闸的分析

图15-94为奥克斯空调器上电跳闸的检修流程。

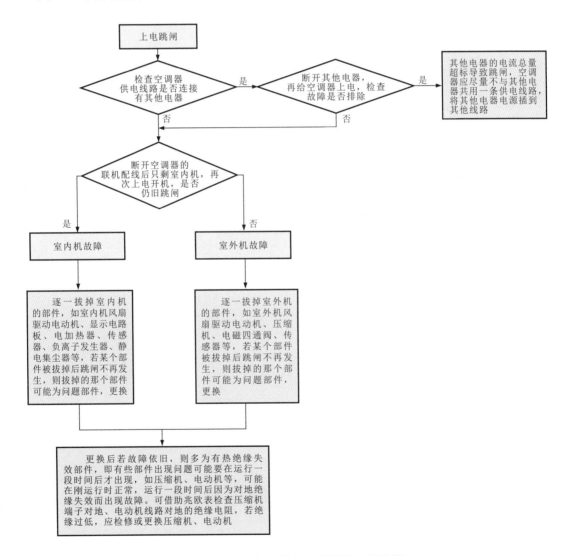

图15-94 奥克斯空调器上电跳闸的检修流程

315

15.7.9 奥克斯空调器回气传感器异常（FA）的检修

图15-95为奥克斯空调器回气传感器异常（FA）的分析。

故障代码	FA
故障说明	奥克斯空调器室内机显示"FA"故障代码，表示当前故障为回气传感器异常，也表现为电磁四通阀切换异常。回气传感器只用在有电子膨胀阀的机型上，回气温度值用作调节电子膨胀阀的依据，可以判断制热时电磁四通阀是否正常换向
故障部位或原因	• 电磁四通阀。 • 回气传感器。 • 室外机控制电路板

图15-95　奥克斯空调器回气传感器异常（FA）的分析

图15-96为奥克斯空调器回气传感器异常（FA）的检修流程。

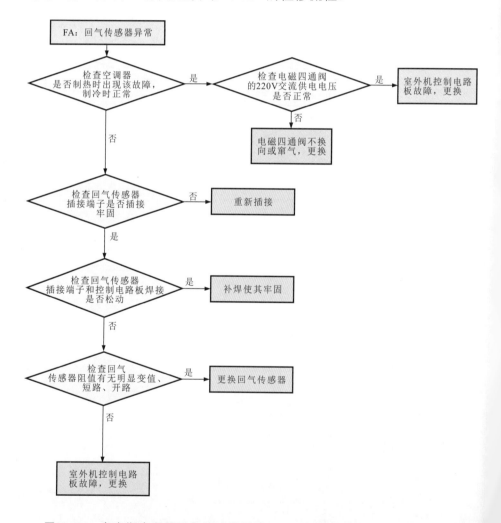

图15-96　奥克斯空调器回气传感器异常（FA）的检修流程